广东省
森林质量精准提升行动
主要造林树种及栽培技术

杨佐兵　林寿明　杨沅志　李　伟 ☐ 主编

中国林业出版社
China Forestry Publishing House

图书在版编目(CIP)数据

广东省森林质量精准提升行动主要造林树种及栽培技术 / 杨佐兵等主编. -- 北京：中国林业出版社，2024. 10.
-- ISBN 978-7-5219-2859-4

Ⅰ. S72

中国国家版本馆CIP数据核字第2024QS4913号

责任编辑：于界芬　张健

出版发行：中国林业出版社
　　　　　（100009，北京市西城区刘海胡同7号，电话010-83143542）
电子邮箱：cfphzbs@163.com
网址：https://www.cfph.net
印刷：北京博海升彩色印刷有限公司
版次：2024年10月第1版
印次：2024年10月第1次印刷
开本：787mm×1092mm　1 / 16
印张：8.75
字数：235千字
定价：128.00元

前　言

　　森林质量精准提升行动是绿美广东生态建设最核心、最重要的任务，旨在引入地带性森林群落建群种，优化林分结构，持续改善林相，全面提升广东省森林生态系统的多样性、稳定性、持续性。树种选择与配置是实现森林质量精准提升目标任务的最直接、最关键的要素之一。充分了解树种的形态特征、分布区域、生态习性等生物学特征，特别是应用价值和种植环节关键技术，对广东省森林质量精准提升具有重要指导意义和现实意义。

　　本次森林质量精准提升建设目标包括水源涵养林、绿色通道林、沿海防护林、生态风景林、自然保护区林、油茶林、特色商品林7种类型，根据森林类型和主导功能，对树种选择和配置均提出了不同的需求。本书根据广东省林业局印发的《广东省森林质量精准提升行动技术指南》，列出了29种目的树种、14种景观树种、10种特色树种、6种沿海防护林树种。

　　为推动树种选择乡土化和树种配置科学化，各地可结合当地实际，根据林农等经营主体意愿和营造林生产实践经验，增加补充本地气候带天然分布的乡土树种或在当地表现出良好生态效益和经济效益的外来树种，进一步丰富树种选择配置目录。财政投入造林以木兰科、樟科、豆科、壳斗科等乡土阔叶树和珍贵树种为主。鼓励各地结合林业产业发展实际，大力推广种植既有生态效益又有经济效益的特色树种。

在做好树种选择与配置的同时，各地要加强营林工程措施的配套，为新植苗木提供合适的生长空间，构建具有一定规模效应的森林景观斑块。在遵守相关法律法规和技术规程的前提下，加强人工促进更新力度，要根据森林资源实际和立地情况，果断伐除病腐木、风倒木、枯立木和胸径 5cm 以下的"小老头树"，视情况分次伐除没有培育前途的非目标树和辅助树，打开林窗，改善林分优化地块的光、热、水、肥等条件，让目标树茁壮成长。

本书是在查阅文献资料基础上，结合近年来广东省森林质量精准提升作业设计总结、营造林成效核查、各类专题调查等实践经验，编写而成。书中的植物照片绝大多数为广东省林业调查规划院所属的编写组成员拍摄，部分由华南农业大学、中国科学院华南植物园、中国林业科学研究院热带林业研究所、广东省林业科学研究院等单位同行提供。

本书可为广东省承担森林质量精准提升行动规划设计、工程施工、项目管理的同行提供借鉴，同时也可作为广大林农了解森林质量精准提升政策和树种种植技术的参考。编写过程中得到了广东省绿化委员会办公室的精心指导和大力帮助。

由于编写时间较为仓促，错漏之处在所难免，望读者不吝赐教。

编写组

2024 年 10 月

目 录

第三部分　特色树种

第四部分　沿海防护林树种

第一部分

目的树种

　　目的树种指在广东质量精准提升过程中，针对低质低效林、针叶林或针阔混交林、桉树林等需要通过林分优化和抚育提升的林分，以培育成水源涵养林、绿色通道林或自然保护区林的林分类型为目标，结合林分现状，选择重点培育的目标树种，通常将其培育成未来森林中森林上层的建群种和关键种，包括 29 种，隶属于 13 科 23 属。

　　在 29 种中，红锥 *Castanopsis hystrix*、米锥 *C. carlesii*、灰木莲 *Manglietia glauca*、火力楠 *Michelia macclurei*、乐昌含笑 *M. chapensis*、木荷 *Schima superba* 等树种是广东各地广泛种植的乡土树种。亦有吊皮锥 *Castanopsis kawakamii*、黄桐 *Endospermum chinense* 两种目前苗木培育非常少的乡土大乔木，可在近期开展种苗培育。

>>> 壳斗科 Fagaceae

① ► 红锥

Castanopsis hystrix

别名：刺锥栗、红锥栗、锥丝栗

形态特征

大乔木，高可达 25m。当年生枝被微柔毛及蜡鳞。叶纸质或薄革质，披针形至倒卵状椭圆形，长 4~9cm，宽 1.5~4cm，一侧略短，稍偏斜，全缘或有少数浅裂齿。雄花序为圆锥花序或穗状花序；雌花穗状花序单穗位于雄花序之上部叶腋间。果序长达 15cm；壳斗有坚果 1 个，整齐的 4 瓣开裂；坚果宽圆锥形。花期 4~5 月，果期 11 月。

广东省分布

产连州、连山、始兴、英德、清远、从化、花都、龙川、和平、五华、大埔、梅县、海丰、陆丰、饶平、惠东、博罗、新会、广宁、封开、罗定、阳春、阳江、信宜等地。

生态习性

喜湿润、喜水热条件较好的树种。天然分布区的年均气温在 17.7~22.9℃，平均年均气温为 20.6℃。不耐低温，可忍耐的极端最低气温为 -5~0℃。天然分布区内的年降水量比较充沛，一般在 1500~2600mm（徐放 等，2017；黄全能 等，2001；张方秋 等，2008）。喜生于酸性红壤、黄壤和砖红性红壤，土壤 pH 值为 4.5~6。既能适应肥力较低的土壤，也适于肥力较好的立地条件，但在砂质土、贫瘠的石砾土、山脊、土层薄（<50cm）的重壤土和排水不良的土壤上及石灰岩地区生长不良。地势为西北向东南倾斜以及北向南倾斜的低山丘陵地，地形上受北方冷空气影响较弱，多有红锥天然林的分布。幼林不耐强光，需一定的庇荫。

应用价值

我国南亚热带地区重要的优质乡土珍贵用材树种，树干通直，材质优良，可供建筑、造船等。广东省中东部和南部区域乡村风水林的建群树种之一，也是广东省森林质量精准提升和人工促进地带性森林生态系统正向演替的关键树种之一。果实淀粉含量高，亦可食用。

种植关键技术

广东地区造林需选择海拔低于500m，坡度尽量控制在25°以内的区域。造林地应选择阳坡、半阳坡，以南坡、西南坡、东南坡为宜，营造混交林时则可不考虑坡向及遮阴措施。

种植地选定后，整地，清除灌木和杂草，打穴，种植穴规格可为50cm×50cm×40cm。

栽植需要掌握良好的时机，每年大寒到立春期间是最好的栽植时期，土壤十分湿润，阴天或小雨天气最为适宜。栽植时选择35~50cm的健康幼苗，保证栽种深度合理，栽种结束后将土壤压实，覆盖松土或杂草，以保持土壤湿度。

在广东中部和南部地区可作为森林上层建群树种，可与阴香 *Cinnamomum burmanni*、假苹婆 *Sterculia lanceolata*、红车 *Syzygium hancei* 等中小乔木搭配种植，形成乔木层复层结构的地带性森林群落。

参考文献

黄全能，陈东华，代全林，等，2001. 红锥天然林土壤理化性质及水源涵养功能的研究 [J]. 福建林业科技，28（2）：17-19+28.

刘菲，蒋燚，戴菱，等，2014. 红锥人工林生长规律及6种生长模型拟合效果 [J]. 广西林业科学，43（3）：264-270.

徐放，杨晓慧，廖焕琴，等，2017. 红锥天然分布区气候区区划 [J]. 林业与环境科学，33（2）：21-28.

张方秋，陈祖旭，梁东成，等，2008. 红锥天然分布区的主要资源现状 [J]. 广东林业科技，24（2）：1-4.

② ▶ 米锥

Castanopsis carlesii

别名：米槠、石槠、小叶槠、细米椽

形态特征

乔木，高达 20m，胸径 60cm。小枝及花序轴被稀少红褐色片状蜡鳞。叶披针形或卵状披针形，先端渐尖或稍尾尖，全缘或中部以上具浅齿，幼叶下面被红褐色或褐黄色蜡鳞层，老叶稍灰白色。花序轴近无毛。壳斗近球形或宽卵圆形，疏被细疣状突起或顶部具尖刺，被平伏微柔毛及蜡鳞，基部有时具短柄，不整齐开裂；果近球形或宽圆锥形。花期 4~6 月，果期翌年 9~11 月。

广东省分布

产乐昌、乳源、连山、连南、南雄、英德、阳山、翁源、从化、龙门、和平、河源、大埔、丰顺、增城、广州、深圳、南海、肇庆、怀集、封开、信宜、阳春、廉江。

生态习性

广泛分布于中亚热带海拔 1300m 以下的山地丘陵，属偏热性的树种，其群落常与其他常绿阔叶林交错分布，是我国亚热带常绿阔叶林中的重要建群树种（何建源，2005；潘昕昊，2022）。适生土壤为山地红壤或黄壤。生长快，伐桩萌芽力强。幼龄期较耐阴，喜湿热气候。10~15 年生开始开花结实，正常结实期为 20~50 年生，结实大小年间隔期为 2 年。

应用价值

我国华南地区森林中常见的乡土乔木树种，木材属于白锥类，易开裂，材质较次于红锥。果实香口，亦可食用。

种植关键技术

种植应选在温暖、湿润、土层深厚、肥沃的立地条件，土壤为山地红壤或黄红壤，海拔

200~1300m 的低山丘陵地区。

　　土层较薄、坡度在 25° 以上的采用穴状整地或带状整地，坡度在 25° 以下的山场根据实际情况，选择整地方式，种植穴的规格为 50cm×50cm×40cm。每年 1 月中旬至 3 月上旬均可进行栽植（杜天真，2006）。

　　搭配种植的树种可选木荚红豆、乐昌含笑 *Michelia chapensis*、米老排 *Mytilaria laosensis*、青冈 *Quercus glauca* 等，形成乔木层复层结构的地带性森林群落。

参考文献

杜天真，2006. 主要阔叶用材林培育技术 [M]. 南昌：江西科学技术出版社.

何建源，2005. 武夷山自然保护区米槠群落物种多样性研究 [J]. 厦门大学学报（自然科学版），44（z1）：7-10.

潘贤溪，2004. 米槠等 8 个阔叶树种造林生长状况的初步研究 [J]. 福建林业科技，31（3）：44-47.

潘昕昊，2022. 不同种源米槠种子及苗期差异性分析研究 [D]. 南昌：江西农业大学.

3 ▶ 吊皮锥

别名：格氏栲、青钩栲

形态特征

乔木，高达 28m。具板根，树皮成长条剥落。叶卵状披针形或长椭圆形，先端长渐尖，基部宽楔形或近圆，全缘，稀近顶部具 1~3 浅齿，两面近同色。雄花序多圆锥状，雌花序轴无毛。壳斗球形，连刺径 6~7cm，4 瓣裂，壳斗内壁被长茸毛；果扁球形，密被褐色伏毛，果脐占果面 1/2~1/3。花期 3~4 月，果期翌年 8~10 月。

广东省分布

产乳源、曲江、连州、英德、连平、新丰、从化、龙门、和平、平远、大埔、蕉岭、揭西、饶平、惠东、高要、德庆、新兴、封开、阳春等地。

生态习性

自然分布范围较窄，多数零星生长在海拔 200~1000m 的丘陵地带的常绿阔叶林中，在广东惠州象头山和白盆珠自然保护区有小片种群（黄川腾 等，2010；洪文君 等，2016），在福建省三明小湖地区自然保护区内有成片天然林。分布区属于中亚热带季风气候，要求温暖湿润的气候条件，适生于年均气温 18℃ 以上、年平均降水量 1500mm 以上、相对湿度 80% 以上的地区；适宜在酸性至微酸性的黄红壤及红壤土上生长；在土层深厚、含腐殖质丰富的土壤生长良好（旭日干，2015；中国科学院植物研究所，1989）。

应用价值

我国中亚热带南缘特有的常绿大乔木。关于吊皮锥的生长研究未见报道，但其木材年轮分明，心材大，深红色，湿水后更鲜红，质坚重，比重 0.89，有弹性，密致，纹理粗犷，自然干燥不收缩，少爆裂，易加工，是优质的家具及建筑材，属红锥类，是重要用材树种。

种植关键技术

适于在中亚热带南坡和西南坡种植，主要为中下坡，中上坡种植的苗木顶端容易折断，容易萌蘖，主干不明显。

造林季节在早春最好，在广东一般 2~3 月，2 年生苗造林长势效果较好，阴天造林成活率较高。

在广东中部和东部地区种植较为合适，可与观光木 *Michelia odora*、中华楠 *Machilus chinensis*、木荷 *Schima superba*、山杜英 *Elaeocarpus sylvestris* 等乔木搭配种植。

参考文献

洪文君，曾思金，马定文，等，2016. 广东莲花山白盆珠自然保护区吊皮锥群落特征 [J]. 林业与环境科学，32（1）：10–16.

黄川腾，庄雪影，姜斌，等，2010. 广东象头山吊皮锥种群及其群落结构研究 [J]. 广东林业科技，26（1）：71–75.

宋育红，邢建宏，邓贤兰，2021. 格氏栲自然保护区常绿阔叶林群落优势树种种间联结性分析 [J]. 井冈山大学学报（自然科学版），42（4）：64–70.

旭日干，2015. 中国自然资源通典 森林卷 [M]. 呼和浩特：内蒙古教育出版社.

中国科学院植物研究所，1989. 中国珍稀濒危植物 [M]. 上海：上海教育出版社.

4 ▶ **青冈**

Quercus glauca

别名：青冈栎

形态特征

常绿乔木，高达 20m。树干通直。树皮褐灰色，常现环状棱脊，有小瘤状突起，老树树皮纵裂。叶卵状椭圆形或卵状披针形，边缘 1/3 以上有细尖锯齿，表面亮绿色，背面绿灰色有白霜，有白色细毛。壳斗单生或 2~3 集生，盘状，果卵形，短圆柱形；果脐隆起。果当年成熟。

广东省分布

产乐昌、乳源、南雄、曲江、始兴、连州、连山、连南、仁化、阳山、翁源、新丰、从化、和平、兴宁、平远、大埔、博罗、肇庆、云浮、封开等地。

生态习性

幼树稍耐阴，大树喜光，为中性喜光树种；适应性强，对土壤要求不严，在酸性、弱碱性或石灰岩土壤上均能生长，但在肥沃、深厚湿润地方生长旺盛，在土壤瘠薄处生长不良。幼年生长较慢，5 年后生长加快；萌芽力强，耐修剪；深根性，可防风、防火。对氟化氢、氯气、臭氧的抗性强，对二氧化硫的抗性也强，且具吸收能力（汤榕 等，2014；彭颖姝，2016）。

应用价值

我国亚热带地区常绿阔叶林的主要优势树种之一，材质非常坚硬，耐腐，农村用作扁担、犁耙等农具，同时具有涵养水源和保持水土的作用；在石灰岩地区亦可作为石漠化修复的先锋树种。树体高大，可用作珍贵木材。

种植关键技术

以播种繁殖为主。秋季落叶后至春季芽萌动前进行育苗，容器育苗最佳基质配比为泥炭土：水稻田土：钙镁磷肥 =50：45：5，幼苗成活率可高达 97%；平均苗高达 73.2cm，平均地径达 8.0mm（刘欲晓 等，2018）。

幼林较耐阴，适应性强，在花岗岩、板页岩、砂砾岩、石灰岩、红色黏土类及河湖冲积物发育的红壤、山地红壤、潮土上生长良好，土质以沙土、砂壤土、轻壤土最佳，土壤适宜pH 值为 5~6，但避免选择过于贫瘠的山脊、山顶造林，以免造成生长不良，影响造林效果。对坡向和坡度没有严格的要求，在土层和腐殖质层厚度在中等以上的中坡、下坡、谷地和平地生长良好（汤榕 等，2014）。

植穴规格 50cm×50cm×40cm，在缓坡地可选择带垦，带宽 1.2~1.5m，深 20cm，带面穴规格 40cm×40cm×40cm，带面内切外垫呈反坡梯田状（汤榕 等，2014）。

可在广东英德、阳山、乐昌和乳源的石灰岩地区推广种植，亦可在粤北和粤东地区混交造林，可作马尾松林、杉木林等针叶林改造树种，亦可与楠木 *Phoebe zhennan*、南酸枣 *Choerospondias axillaris*、木荷等树种搭配种植。

参考文献

管中天，1980. 小凉山树木图志 [M]. 成都：四川人民出版社.

刘球，吴际友，杨硕知，等，2018. 青冈栎解析木分析及人工林生物量调查 [J]. 中南林业科技大学学报，38（12）：22-29.

刘欲晓，吴际友，程勇，等，2018. 青冈栎容器育苗基质筛选试验 [J]. 湖南林业科技，45（4）：45-48.

彭颖妹，2016. 青冈栎苗木繁育技术与光合特性研究 [D]. 长沙：中南林业科技大学.

汤榕，汤槿，黄利斌，2014. 青冈栎栽培技术 [J]. 现代园艺，22：59-60.

> > >
5 ▶ **华润楠**

樟科 Lauraceae
Machilus chinensis

别名：中华楠、中华润楠、黄槁

形态特征

乔木，高达 20m。芽无毛或被柔毛。叶倒卵状长圆形或长圆状倒披针形，先端钝或短渐尖，基部楔形，两面无毛，上面中脉凹下，侧脉不明显。圆锥花序 2~4 个，花序梗长，花白色，长约 4mm，花被片外面被柔毛，内面被柔毛或仅基部被毛，果时常脱落。果球形，直径0.8~1cm。花期 11 月，果期翌年 2 月。

广东省分布

产乐昌、乳源、连州、连山、连南、英德、阳山、曲江、博罗、南澳岛、台山、深圳、珠海、高要、阳春、信宜等地。

生态习性

主要分布于亚洲东南部和东部的热带、亚热带地区，常生长于针阔叶或阔叶混交林中。较喜光，但幼树及幼苗喜阴，要求中等湿润肥沃土壤（杨海东 等，2014）。适生于肥沃、潮润土壤，以山坡中、下部分布较多；适应性广，在低山丘陵各类采伐迹地，火烧迹地均可种植。速生，萌生能力强，侧根十分发达。对大气污染抗性较强，对氟化物反应敏感；叶片易受害和脱落，但在短期内即可萌发出新叶，形成新的树冠（徐英宝 等，2005）。

应用价值

生长速度较快、干形好、出材率高，但木材材质较为疏松。树姿优美，春天嫩叶红色，是优良的生态园林景观树种，被当时的广东省林业厅列为重要的造林树种（杨海东 等，2014）。种子油可制皂和润滑油（徐英宝 等，2005）。

种植关键技术

选择排水良好的丘陵和海拔 800m 以下的低山丘陵坡地，以土层深厚、疏松、湿润、肥沃的壤土或砂壤土为宜。小苗及幼树喜阴，地形应选择在山地的中下部，山脚、沟边、山谷；坡向以东坡、北坡、西北坡、地形隐蔽的阳坡为宜。

栽植前 1 个月整地，挖明穴，植穴规格为 50cm×50cm×40cm。

适宜在冬末、春季雨透后的阴雨天进行栽植，避免在炎热、大风的晴天起苗栽植（杨海东等，2014）。

在广东可与木荷、红锥、鸭脚木 *Heptapleurum heptaphyllum* 等搭配种植组成常绿阔叶林，并作为乔木层主要树种；亦可作为马尾松林的改造树种，林下可种植五指毛桃 *Ficus hirta* 等经济作物。

参考文献

徐英宝，郑永光，2005. 广东省城市林业优良树种及栽培技术 [M]. 广州：广东科技出版社.

杨海东，詹潮安，林文欢，等，2014. 华润楠培育技术 [J]. 防护林科技，8: 120-121.

樟科 Lauraceae

6 闽楠

Phoebe bournei

别名：楠木、兴安楠木、竹叶楠

形态特征

乔木，高达20m。老树皮灰白色，幼树带黄褐色。叶披针形或倒披针形，下面被短柔毛，脉上被长柔毛，有时具缘毛。圆锥花序，花被片卵形，两面被毛；雄蕊花丝被毛，第3轮花丝基部腺体无柄。果椭圆形或长圆形，宿存花被片紧贴，被毛。花期4月，果期10~11月。

广东省分布

产乐昌、连州、始兴、英德、仁化、曲江、南雄、大埔、德庆、怀集等地。

生态习性

自然分布于中亚热带气候带，适宜生长在气候温暖湿润、年均气温16~20℃、1月平均气温5~11℃、年降水量1200~2000mm、土壤肥沃的环境（何应会 等，2013）。对立地条件要求严格，在阴坡或阳坡下部山脚地带生长良好，最好在排水良好的山洼、山谷冲积地或河边，要求土层深厚、腐殖质含量高、土质疏松、湿润、富含有机质的中性或微酸性砂壤、红壤或黄壤土；耐阴，在不过分荫蔽的林下幼苗常见，天然更新能力强（刘宝，2005）。

应用价值

国家二级保护野生植物，是我国暖温带和亚热带地区珍贵优质用材树种和园林树种。

种植关键技术

造林应选择海拔1000m以下，土层厚度40~80cm，表土层厚度小于20cm，土壤为肥沃疏松、腐殖质含量高的红壤、黄壤的中山、低山和丘陵的山谷、低山坡中部、山腰以下的阴坡或半阴坡，林地空气要相对湿润。

选择1级、2级苗造林，要求选择顶芽饱满、无病虫害的健壮苗木，挖穴定植，植穴规格为 40cm×40cm×40cm 或 50cm×50cm×40cm。

每年 2~4 月造林，选择阴天或小雨天气栽植。栽植前摘除叶子，去掉育苗袋，剪去过长或受损根系（宋武明，2021）。

早期生长相对缓慢，可与生长较快的杉木等树种混种，亦可种植在毛竹林内，林下可种植红豆属珍贵树种，林下亦可种植草珊瑚 Sarcandra glabra、黄精 Polygonatum sibiricum 等中药材植物。

参考文献

何应会，梁瑞龙，蒋燚，等，2013. 珍贵树种闽楠研究进展及其发展对策 [J]. 广西林业科学，42（4）：365-370.

刘宝，2005. 珍贵树种闽楠栽培特性与人工林经营效果研究 [D]. 福州：福建农林大学.

宋武明，2021. 闽楠造林关键技术 [J]. 乡村科技，12（20）：53-55.

周桂圆，2022. 珍贵树种闽楠人工林生长研究 [J]. 林业与生态，9: 39-40.

樟科 Lauraceae

7 ▶ 桢楠

Phoebe zhennan

别名：雅楠

形态特征

乔木，高达 30m。小枝被黄褐色或灰褐色柔毛。叶椭圆形、稀披针形或倒披针形，长 7~13cm，先端渐尖或尾尖，基部楔形，下面密被短柔毛，脉上被长柔毛；叶柄被毛。聚伞状圆锥花序长 6~12cm，被毛；花长 3~4cm，花被片两面被黄色毛；花丝被毛。果椭圆形，长 1.1~1.4cm；果柄稍粗。花期 4~5 月，果期 9~10 月。

广东省分布

原产于湖北、贵州、四川等地，广东有引种。

生态习性

中性偏阴的深根性树种，主根明显，侧根发达，根部萌蘖能生长成大径材；幼年耐阴，喜生于比较湿润、肥沃的中性或酸性壤土，在黏壤上、碱性或过于黏重土壤往往生长不良（王定江，2012）。对坡位、坡向尤为敏感，高产林分常出现在山坡中部以下山洼，低产林分则分布在山顶、山脊（安家成，2006）。

应用价值

著名的庭园观赏和城市绿化树种。为我国特有的珍贵木材，材质优良、用途广泛，是楠木属中经济价值最高的一种。木材纹理、色泽、气味富有特色，自古以来就被广泛用于高级建筑和高档家具等制作。

种植关键技术

对立地条件要求较高，造林地应选择土壤偏酸性、土层深厚肥沃、水分条件较好的长山坡的中下部、排水良好的山洼等条件相对较好的立地（李双龙 等，2015）。

在杂灌较多的造林地可选择局部炼山后挖大穴整地，杂灌较少的林地可采用块状整地后挖大穴，植穴规格为50cm×50cm×40cm（李双龙 等，2015）。

一般在每年2~3月萌芽前进行造林为宜，若在9~10月造林，应选在阴雨天、土壤湿润时栽植。造林苗木最好选用大苗、壮苗，剪去主根。造林后3~5年进行幼林抚育，每年4~5月和7~8月分别抚育一次，若杂草较多，应适当增加抚育次数（邓波 等，2018）。

可与杉木套种混种，是杉木纯林改造成针阔混交林的良好树种；景观上可与枫香 *Liquidambar formosana*、红花檵木 *Loropetalum chinense* var. *rubrum* 搭配种植，能形成较好的植物景观效果（杨璐 等，2023）。

参考文献

安家成, 2006. 中国南方生态园林树种 [M]. 南宁：广西科学技术出版社.

邓波, 余云云, 赵慧, 等, 2018. 桢楠资源培育的研究进展 [J]. 安徽农业大学学报, 45（3）：428-432.

李双龙, 吴代坤, 胡均恩, 等, 2015. 桢楠人工林培育技术 [J]. 林业科技通讯, 11: 24-26.

王定江, 2012. 贵州主要阔叶用材树种造林技术 [M]. 贵阳：贵州科技出版社.

杨璐, 费永俊, 2023. 楠木园林应用及观赏配置探究——以江汉平原为例 [J]. 农业与技术, 43（13）：130-135.

樟科 Lauraceae

8 **短序润楠**
Machilus breviflora

别名：短序桢楠、较树、白皮槁

形态特征

乔木，高约25m。树皮灰褐色。叶略聚生于小枝先端，倒卵形至倒卵状披针形，先端钝，基部渐狭，革质，两面无毛。圆锥花序3~5个，顶生，无毛，常呈复伞形花序状；花绿白色，退化雄蕊箭头形，有柄。果球形，直径8~10mm。花期7~8月，果期10~12月。

广东省分布

产连山、和平、新丰、龙门、从化、惠阳、惠东、深圳、高要、台山、新会、广宁、阳春、云浮、怀集、封开、信宜、罗定等地。

生态习性

喜生于阳光充足的山脊及西南坡，在土层深厚疏松、排水良好、中性或微酸性的土壤上，生长尤佳。深圳的内伶仃岛（李薇 等，2018）和梧桐山（许建新 等，2009）土壤母岩由花岗岩、变质砂岩构成，地带性土壤主要为赤红土、滨海沙土与耕作土，在两地海拔300 m以下的丘陵、岗地和山坡地有自然分布；广州市增城区明星村大石岭土壤以花岗岩风化发育的赤红壤为主，土层厚度为30~60 cm（李祥彬 等，2019）区域也有自然分布。

应用价值

春季新梢嫩叶多呈橙色、红色和紫色等，可通过春梢新叶颜色的变化营造出独特的园林美景，是理想的彩叶树种，也是华南地区极具开发潜力的园林景观乡土树种；苗木在华南地区有较大的市场潜力。

种植关键技术

对土壤水肥条件要求较高，喜土层较厚、土壤肥力较高的山地中下坡。造林地宜选择阴坡、半阴坡或阳坡中下坡，造林前整地，施基肥。苗木以种子繁殖为主，采取容器育苗（钟任资 等，2017）；造林时间选择 2 月底至 3 月中旬，苗木上山时需要仔细保护苗木顶芽和嫩枝，定植后扶正，并定期抚育。

可与中华楠、华杜英 Elaeocarpus chinensis、绢毛杜英 E. nitentifolius、竹节树 Carallia brachiata 等搭配种植，共同组成层次分明、色彩多样、景观性较强的近自然群落景观（许建新，2009）。

参考文献

胡文强，钟任资，肖玉，等，2016. 短序润楠春梢叶色及 SPAD 值变化 [J]. 林业与环境科学，32（5）：85-88.

李薇，朱丽萍，汪春燕，等，2018. 深圳市内伶仃岛山蒲桃 + 红鳞蒲桃 – 小果柿群落结构及其物种多样性特征 [J]. 生态科学，37（2）：173-181.

李祥彬，朱政财，王海华，等，2019. 13 种乡土树种在广州万寿寺林分改造的早期生长评价 [J]. 亚热带农业研究，15（3）：163-168.

任海，2010. 华南植被恢复的工具种图谱 [M]. 武汉：华中科技大学出版社.

许建新，刘永金，王定跃，等，2009. 深圳梧桐山风景区主要植物群落结构特征分析 [J]. 林业调查规划，34（2）：29-36.

钟任资，罗迎春，黄展帆，等，2017. 短序润楠苗木培育与移植技术 [J]. 林业科技通讯，11: 64-66.

>>> 木兰科 Magnoliaceae

9 ▶ **火力楠**

Michelia macclurei

别名：醉香含笑

形态特征

乔木，高达 30m。芽、幼枝、叶柄、托叶及花梗均被红褐色平伏短茸毛。叶革质，倒卵形、椭圆状倒卵形、菱形或长圆状椭圆形，叶柄上面具纵沟，无托叶痕。花单生或具 2~3 花成聚伞花序；花被片白色，雄蕊长 1~2cm，花丝红色。聚合蓇葖果长圆形、倒卵状长圆形或倒卵圆形。花期 3~4 月，果期 9~11 月。

广东省分布

产连山、惠阳、广州、高要、新兴、阳春、怀集、广宁、电白、吴川、封开、徐闻等地。

生态习性

一般生于海拔 500~900m 的常绿阔叶林中，有较强抗风和防火性能。喜光，喜温暖湿润气候，适应性强，生长迅速，耐寒，耐旱，栽培地全日照或半日照均能正常生长，喜肥，适生于由花岗岩、板岩、砂页岩风化后形成的红壤、赤红壤和黄壤，不适合在盐碱性土壤生长，宜土层深厚、富含有机质、土壤疏松的中性至酸性土壤（蓝学 等，2010；徐英宝 等，2005；梁大瑜，2022）。

应用价值

优良的建筑家具用材、制浆造纸原料、防火林带和城乡园林绿化树种，在低山丘陵 I 类立地生长迅速。

种植关键技术

造林地以土壤肥沃、透水性好、土层较厚、空气湿润的谷底或中下坡为宜。一般在造林上一年的冬季进行炼山整地，挖明穴，造林密度按株行距 3m×3m、植穴规格为 40cm×40cm×30cm。

　　选择春季雨水较丰沛时植苗，以确保高成活率，植后半年适当进行铲草抚育。间伐期一般选择在 10 年左右为宜，具体视林分生长情况而定。

　　此外，适合与木荷、米老排、山杜英、乐昌含笑等树种混交种植，可根据造林目的，选择合理的造林模式营造混交林，对低产林改造、改善林地立地环境具有明显的效果（蓝学 等，2010），亦可种植在防火林带旁。

参考文献

邓鸿荣，2012. 火力楠杉木混交林栽培技术与生长效果研究 [J]. 绿色科技，7: 84-85.

蓝学，梁有祥，韦中绵，等，2010. 火力楠的生物学特性及综合利用研究进展 [J]. 广西农业科学，41(3)：253-255.

梁大瑜，2022. 火力楠栽培技术与应用研究 [J]. 现代农业研究，28（9）：97-99.

徐英宝，郑永光，2005. 广东省城市林业优良树种及栽培技术 [M]. 广州：广东科技出版社.

>>> 木兰科 Magnoliaceae

Michelia odora

⑩▶ 观光木

别名：香花木

形态特征

　　常绿乔木，高达 25m。树皮淡灰褐色，具深皱纹。小枝、芽、叶柄、叶面中脉、叶背和花梗均被黄棕色糙伏毛。叶片厚膜质，倒卵状椭圆形，中上部较宽，顶端急尖或钝，基部楔形，叶面绿色，有光泽，中脉、侧脉、网脉在叶面均凹陷；叶柄基部膨大，托叶痕达叶柄中部。花蕾的佛焰苞状苞片一侧开裂，被柔毛，花被片淡黄色至粉紫色。聚合果长椭圆体形，外果皮橄榄绿色，有苍白色孔。花期 3 月，果期 10~12 月。

广东省分布

　　产乐昌、乳源、连州、连山、连南、南雄、始兴、仁化、英德、阳山、翁源、新丰、连平、和平、龙门、高要、阳春、茂名等地。

生态习性

　　大多生于气候湿润温暖和土壤肥沃、有机质含量丰富且疏松的地区。弱喜光树种，幼龄时期耐阴性比较强，叶子较大，树冠一般浓密且根系较为发达，长大后喜光。一般分布在年均气温 17~23℃、年降水量 1200~1600mm、相对湿度在 80% 以上的地带，野生分布区土壤大多为砂页岩的偏酸性的山地黄壤或红壤（邓荔生 等，2014）。

应用价值

　　木材结构细致，纹理直，易加工，是高档家具和木器的优良木材。树冠浓密，花多而美观，具芳香味，可提取香料。果实独特，是优良庭园观赏树种和行道树种，孤植和群植均成景观。古老的子遗树种，对研究古代植物区系有重要的科学价值。

种植关键技术

对水肥要求比较苛刻，喜湿、喜肥，造林地宜选择阴坡、半阴坡或阳坡中下部，要求土层深厚、肥沃、疏松、湿润、酸性土壤（罗坤水 等，2010）。在造林前要进行整地，造林前1个月每穴施入0.5kg复合肥，并与入穴表土搅拌（黄松殿 等，2011）。

造林时间最好选择雨水季节到来之前，早春的2~3月，最好不超过4月；选择春季雨水较丰沛时植苗，以提高苗木成活率（罗坤水 等，2010）。造林后半年适当进行除草抚育；定植3~4年后可以郁闭成林，此时应进行抚育间伐，为留下的植株提供良好的生长空间（黄松殿 等，2011）。

可与铁冬青搭配种植，在华南地区的初秋形成良好的观果景观；也可套种于马尾松纯林中，幼树生长快，干形通直。

参考文献

邓荔生，曾佩玲，黄春妹，等，2014. 珍贵阔叶树种多树种混交造林技术 [J]. 安徽农学通报，20（22）：99−100.

黄松殿，覃静，秦武明，等，2011. 珍稀树种观光木生物学特性及综合利用研究进展 [J]. 南方农业学报，42（10）：1251−1254.

罗坤水，程接娣，邓绍勇，等，2010. 优良木兰科树种观光木造林技术 [J]. 现代农业科技，23: 208−209.

木兰科 Magnoliaceae
Manglietia glauca

⑪▶ 灰木莲

形态特征

常绿阔叶乔木，树高可达 26m 以上，干形通直。树皮灰色，平滑。小枝有皮孔和环状条纹。叶全缘、革质，长椭圆状披针形，叶端短尖，表面有光泽，叶背灰绿色，被白粉。花白色，单生于枝顶，两性，雌雄异熟。聚合果卵形，深红色，成熟后木质，紫色，表面有疣点。花期 4~5 月，果期 9~10 月。

广东省分布

原产于越南及印度尼西亚，全省各地均有栽培。

生态习性

喜温暖湿润环境，不耐瘠薄和干旱立地，忌积水地，适生于年均气温在 18℃ 以上、绝对低温 -2℃、年降水量 1200~2700mm 的区域。垂直分布在海拔 800m 以下丘陵平原，喜土层深厚、疏松、湿润的赤红壤和红壤。幼龄期稍耐阴，中龄期后偏喜光，属深根性树种（赵翔 等，2017；魏国余 等，2017）。

应用价值

树种生长速度快，生物量和树体的碳含率高，是华南地区常见的迹地造林、碳汇造林、生态公益林改造和国家战略储备林大径材培育等的重要树种之一。树体优美，花淡黄且优美，是城乡园林绿化的优良树种之一。具有较好的杀菌、抗霉和滞尘能力，林分内的空气负离子浓度和精气含量可达到保健浓度水平，因而成为森林康养林营建的重要树种（张志鸿 等，2020）。

种植关键技术

　　喜温、喜湿、喜肥，抗风性较弱，造林地宜选择在北回归线以南且土层疏松深厚、肥沃湿润的北坡中下部，避免种植于山脊和风口区域。在造林前应先清山后穴垦，植穴40cm×40cm×30cm，株行距3m×2.5m，雨后阴天定植。

　　造林季节可选择在冬季苗木落叶至早春萌芽前栽植，春雨过后的阴天或小雨天种植，栽植时回土要疏松，稍压实，为防止根部水分过涝，可将松土回填成山包状。

　　栽植后应加强抚育管理及施肥工作，种植前3年，于每年4~5月和9~10月进行2次铲草松土，到6~7年生，林木进入分化阶段，可合理间伐修枝，保证中、大径材的培育（魏国余等，2017）。

　　可与红花木莲 *Manglietia insignis* 等阔叶树种进行混交，并构成多树种组成的生态公益林。也可与青皮 *Vatica mangachapoi*、坡垒 *Hopea hainanensis* 等树种混交种植，是针叶纯林或低效林改造的优良树种。

参考文献

魏国余，戴文君，方小荣，等，2017. 珍稀濒危植物灰木莲的研究现状及展望 [J]. 浙江农业科学，58（9）：1596-1599.

文珊娜，2017. 灰木莲种质资源遗传多样性研究 [D]. 北京：中国林业科学研究院.

张志鸿，许涵，姜清彬，2020. 灰木莲——华南地区具优良防火特性的多用途树种研究进展 [J]. 林业与环境科学，36（6）：121-125.

赵翔，姜清彬，仲崇禄，等，2017. 灰木莲繁殖技术研究进展 [J]. 种子，36（3）：46-49.

12 ▶ **木莲**

Manglietia fordiana

别名：乳源木莲

形态特征

　　乔木，高达 20m。嫩枝及芽有红褐短毛，后脱落无毛。叶革质，狭倒卵形、狭椭圆状倒卵形或倒披针形；托叶痕半椭圆形。花被片纯白色，每轮 3 片，外轮 3 片质较薄，长圆状椭圆形，长于内 2 轮的稍小，倒卵形。聚合果卵球形，褐色，蓇葖露出面有粗点状凸起；种子红色。花期 5 月，果期 10 月。

广东省分布

　　全省各地山区县均有分布。

生态习性

　　中性喜光的浅根性树种，幼树稍耐阴，长大后喜光。主根不太明显，侧根非常发达。主干通直，顶端优势明显。喜湿润疏松酸性土壤，生于海拔 300~1200m 的花岗岩、砂质岩山地丘陵。在低海拔干热地区生长不良（康永武，2012）。

应用价值

　　树冠整齐，枝叶茂密，花香味浓，是庭园观赏和四季绿化优良树种。花可提取芳香油。树皮含厚朴酚及厚朴碱，可作厚朴中药代用品。生长迅速、适应性强、繁殖容易，病虫害少，是一种速生常绿阔叶用材树种，木材纹理通直，结构细致，加工不变形，但木材较脆（林根旺等，2010）。

种植关键技术

　　造林地宜选择在阴坡、半阴坡或阳坡中下部，尤其避免选择山脊、风口和迎风坡等区域，土壤要求土层深厚、肥沃疏松。

在造林前一年的秋冬季清理林地，打穴，株行距 3m×3m。采用挖大穴，植穴规格为 60cm×60cm×40cm，回表土。基肥可用磷肥或复合肥。

造林季节宜在早春 2~3 月上旬，可对苗木进行适当修枝剪叶，以减少水分蒸腾，同时修剪过长或受伤的根系。造林后前 3 年，每年在 5 月和 9 月进行两次锄草松土，并逐步扩穴通带，以后每年锄草 1 次，直至林分郁闭。有条件的地方应做到适当施肥和深翻（郭玉硕，2006）。

可营造纯林，也可与杉木、马尾松、马褂木 Liriodendron chinense、香樟等混交。在低山丘陵种植可采取营造混交林的营林措施，利用混交树种的侧方或上方庇荫，为其生长创造适宜的生长环境，发挥其适应性和丰产性（周怀容，2011；刘国武，2004；周东雄，2004）。

参考文献

郭玉硕，2006. 乳源木莲人工栽培技术研究 [J]. 林业勘察设计，1: 160-161.

康永武，2012. 优良乡土树种乳源木莲的研究现状与发展前景 [J]. 林业勘察设计，2: 98-101.

林根旺，沙彩平，方林川，等，2010. 乳源木莲的特征特性及育苗造林技术 [J]. 现代农业科技，21: 240-241.

刘国武，2004. 福建永安丘陵地乳源木莲引种造林试验 [J]. 林业科技开发，6: 41-43.

周东雄，2004. 杉木乳源木莲混交林林分生产力研究 [J]. 林业科技开发，18（5）：23-25.

周怀容，2011. 乳源木莲不同季节与伴生树种造林试验 [J]. 安徽农学通报（上半月刊），17（17）：132-134.

> > >
木兰科 Magnoliaceae
Michelia chapensis

⑬ 乐昌含笑

别名：景烈白兰、景烈含笑

形态特征

乔木，高达 30m。小枝无毛或幼时节上被灰色微柔毛。叶薄革质，倒卵形，长 6.5~16cm，先端短尾尖或短渐钝尖，基部楔形或宽楔形，叶面深绿色，有光泽；叶柄上面具沟，无托叶痕。花芳香，淡黄色；花梗被灰色平伏微柔毛，具 2~5 苞片；花被片 6，2 轮，外轮倒卵状椭圆形，内轮较窄。聚合果，顶端具短细弯尖头；种子红色。花期 3~4 月，果期 8~9 月。

广东省分布

产乐昌、乳源、连州、连山、连南、南雄、曲江、怀集等地。

生态习性

喜光，但苗期喜偏阴。喜温暖湿润气候环境，能抗高温，亦能耐寒。天然分布区的年均气温在 14.3~20.8℃，年降水量为 1047.4~1865.5mm。在土壤水肥条件好、土层较深厚的酸性壤土中生长良好，在过于干燥的土壤中生长不良（周欢 等，2022）。

应用价值

木材具有轻质、易加工、变形小、易干燥、不翘曲、不弯裂等优点，是制造家具及室内装饰用材的优良速生树种。土壤肥沃的林地中下坡造林，20 年胸径可达 40cm。树体高大，干形通直，树姿优美，花香馥郁，观赏价值高，是南方多个省份的优良园林绿化树种（周欢 等，2022）。

种植关键技术

栽培造林选择土壤条件较好的壤土为宜，土壤肥力较好的荒山疏林地进行造林最佳。春季造林，株行距按照 4m×4m 的距离进行成片种植，栽植后的回填土应高于地面 10cm 较合适（冯蔚 等，2020）。

　　在幼林郁闭前应加强抚育，造林后前 3 年每年要及时松土除草 2 次，并及时除去多余的萌芽枝。林分郁闭后结合林木生长状况，进行适当的修枝和适时间伐，促进主干生长（吴小文，2011）。

　　与红锥、青冈 *Quercus glauca*、观光木、花榈木 *Ormosia henryi* 等树种混交，林分层次结构会更丰富，营养空间扩大，能充分利用林地养分（杨小忠，2011）。

参考文献

冯蔚，朱报著，2020. 试论乐昌含笑繁育栽培技术 [J]. 现代园艺，8: 51–52.

吴小文，2011. 浅谈乐昌含笑造林技术 [J]. 广东科技，20（8）:44–45.

杨小忠，2011. 乐昌含笑造林试验及效果分析 [J]. 福建林业科技，38（2）：84–87.

周欢，韦如萍，李吉跃，等，2022. 乐昌含笑培育与开发利用研究进展 [J]. 中国野生植物资源，41（9）：61–66.

>>> 木兰科 Magnoliaceae
Parakmeria lotungensis

14 ▶ **乐东拟单性木兰**

形态特征

　　常绿乔木，高达 30m。小枝节间短而密，呈竹节状。叶革质，倒卵状椭圆形，叶长 6~11cm，宽 2.5~3.5cm，先端钝尖，基部楔形，下面有腺点。花单生枝顶，雄花和两性花异株，花被 9~14 片，内轮白色，外轮淡黄色，雌蕊群卵圆形，绿色。聚合果卵状长圆形或椭圆状卵圆形，果实成熟时沿背缝开裂；种子露出，假种皮红色。花期 4~5 月，果期 8~9 月。

广东省分布

　　产乐昌、乳源、连山、阳春等地。

生态习性

　　生于海拔 700~1400m 的肥沃的阔叶林中，喜湿润、深厚、疏松砖红性黄壤土，干旱环境生长不良，多生于山地沟谷边或林缘。幼树稍耐阴，天然更新比较困难，3 月开始抽梢，5~8 月为生长高峰期（陈志生 等，2006）。

应用价值

　　我国特有种，树形优美，叶色浓密有光泽，花大而香，是一种珍贵的园林绿化树种。干形通直圆满，木材坚重，纹理致密，色泽优良，可用作板材、装饰材、家具、农具等。贵州黎平当地少数民族用其果实、种子作为食用香料，树皮、叶、花均具极浓香味，可以用作提炼香精原料（吴绍权 等，2018；林同龙，2012）。

种植关键技术

　　造林地宜选择海拔 500m 阳坡中部或下部土层较深厚、腐殖质含量较高、土壤水分较充足、空气湿度较大的立地（陈志生 等，2006），中性或微酸性的红黄壤为宜。

　　造林整地时先进行林地清理，然后采取大穴整地，植穴规格 60cm×60cm×50cm 为宜，并在回填时每穴施入 0.5kg 磷肥作底肥。回填时土要填满并略高于地面，并拍碎土块，把树、草根及石块捡出（吴绍权 等，2018）。

　　植苗时间一般以 2 月为宜，起苗时适当打去部分苗木叶片，并适当修剪主根。造林天气以阴天为宜，苗木要随起随栽，并置于阴凉处（吴绍权 等，2018）。

　　造林当年要抚育 2 次，第 1 次于 6 月进行，第 2 次于 8~9 月进行，全面割草和锄头扩穴（吴绍权 等，2018）。造林第 2 年进行除草松土，并适量追肥，每株施复合肥 50~100g。自然整枝性能良好，林缘或林中空旷处侧枝生长旺盛，为促进高生长应适当修枝，5 年即可郁闭成林（陈志生 等，2006）。

　　较为常见的伴生树种有木荷、毛冬青、绒毛润楠、厚皮香、菝葜、米槠、甜槠、少叶黄妃、赤楠等，人工林常与杉木、马尾杉混交，能够合理利用营养空间，提高经济、生态效益（陈红锋，2012；陈春莉，2013；黄春，2012）。

参考文献

陈春莉，2013. 杉木与乐东拟单性木兰混交林经济生态功能研究 [J]. 防护林科技，1: 9–11.

陈红锋，周劲松，张荣京，等，2012. 珍稀濒危植物乐东拟单性木兰伴生植物编目 [J]. 生物多样性，20（4）：527–531.

陈志生，陈小洁，2006. 乐东拟单性木兰育苗与造林技术 [J]. 广东林业科技，22（3）：147–148.

黄春，2012. 马尾松与乐东拟单性木兰混交造林效果研究 [J]. 现代农业科技，24: 169–170+175.

林同龙，2012. 乐东拟单性木兰人工林木材纤维形态和化学成分研究 [J]. 安徽农业科学，40（3）：1437–1438+1640.

吴绍权，王世诚，2018. 乐东拟单性木兰繁育栽培技术 [J]. 林业科技通讯，12: 42–44.

>>> 山茶科 Theaceae
Schima superba

15 ▶ 木荷
别名：荷木、荷树

形态特征

常绿乔木，高达 25m。树皮灰褐色，纵裂。冬芽被白色柔毛。叶革质，卵状椭圆形至长圆形，长 6~15cm，宽 2.5~5cm，有疏钝齿；下面无毛，绿色。花单朵腋生或成短总状花序；萼片半圆形，边缘有纤毛。蒴果，直径 1.5~2cm，熟时 5 瓣背裂，中轴宿存；种子肾形，周围有翅。花期 3~8 月，果期 9~11 月。

广东省分布

全省各地均有分布，次生林中常见。

生态习性

喜光、喜温暖湿润（祁承经 等，2015）。天然分布区地理范围大致在 31°N 以南、105°E 以东的广大地区。分布的海拔在西部可达 2000m，至中部逐渐降低，一般在 700m 以下，而到了江西东北和福建西南的武夷山地区，分布海拔高度可达 1000~1500m（倪健，1996）。对土壤适应性较强，适生土壤 pH 值为 4.5~6.0，红壤、黄棕壤等酸性土壤均可生长。由于具有深根性，耐瘠薄，在人为破坏较大的次生林地、土壤贫瘠和水土流失严重的山脊和林地均可较好地生长（李建光，2018）。

应用价值

含水量高，耐贫瘠，耐干旱，阻燃性能强，生长速度快，树干通直，材质坚韧，结构致密，是防火隔离带的优选树种（黄守福，2015）。

种植关键技术

广东地区造林需选择海拔不超过 800m、pH 值小于 7 的阳坡，植穴规格为 40cm×

40cm×30cm，株行距为 1.6m×1.7m（李建光，2018）。

　　阴天栽植较合适。应采用生长健壮、无病虫害、根系较发达的苗木进行造林，适时对林地进行除草、扶苗、培土，及时清理徒长枝。一般在第 1 年、第 2 年的 6 月和 8 月各进行抚育 1 次、第 3 年在 7 月进行抚育 1 次（李建光，2018）。

　　亚热带常绿阔叶林的主要建群种，常与栲属 *Castanopsis*、青冈属 *Cyclobalanopsis*、石栎属 *Lithocarpus* 等壳斗科的树种形成不同群落类型，亦是马尾松、杉木等较理想的林分优化树种。

参考文献

黄守福，2015. 木荷的综合利用及育苗造林管理技术 [J]. 现代园艺，11: 63-64.

李建光，2018. 木荷的生物学特征及其造林技术 [J]. 现代园艺，23: 62-63.

倪健，1996. 中国木荷及木荷林的地理分布与气候的关系 [J]. 植物资源与环境，3（5）：29-35.

祁承经，汤庚国，2015. 树木学（南方本）[M]. 北京：中国林业出版社 .

豆科 Leguminosae

16 ▶ 花榈木

Ormosia henryi

别名：花梨木、亨氏红豆、马桶树

形态特征

常绿乔木，高达 16m。树皮灰绿色，浅裂纹。小枝、裸芽、叶轴、小叶、花序密被灰黄色茸毛。奇数羽状复叶，小叶 2~3 对，革质，椭圆形或长圆状椭圆形，先端急尖，叶缘微反卷，叶背及叶柄均密被黄褐色茸毛。圆锥花序顶生，或总状花序腋生，花淡紫色。荚果扁平，长椭圆形，顶端有喙，果瓣厚革质，紫褐色，无毛；种子 4~8 粒，种皮鲜红色，有光泽。花期 7~8 月，果期 10~11 月。

广东省分布

产始兴、乐昌、南雄、英德、广州、五华等地。

生态习性

喜光、喜肥沃湿润土壤的树种。天然林地土壤肥沃湿润，常与枫香、苦槠、木荷、乌桕 *Triadica sebifera*、栲、冬青 *Llex chinensis* 等树种伴生（沈绍南 等，2009）。适应性较强，在酸性、中性土壤均能正常生长，为深根性中性树种，能耐 -8℃ 的低温环境，其根有固氮菌，能改良土壤（虞志军 等，2008；杨四知，2007；彭明良，2013）。萌芽力强，经多次砍伐或火烧后仍可萌发，生于海拔 1300m 以下的山坡、溪谷或丘陵红壤内，幼树较耐阴（祁承经 等，2015）。

应用价值

红豆属中分布最广的树种，国家二级保护野生植物。木材致密，纹理清晰，为高档家具、雕刻珍贵装饰品的用材树种，亦是优质园林绿化树种（段如雁 等，2013；姚军，2007）。根、茎等器官可入药，为一种极为重要的中药材（刘鹏 等，2017）。

种植关键技术

广东地区造林需选择土层深厚、肥沃、水分充足的地段。在营造用材林时，密度过小可能影响树干干形，从而影响用材林的材质品质，因此，应选用适宜的密度进行造林，以培育高品质的材质。

整地一般用水平带垦挖大穴，穴长宽高以 50cm×40cm×40cm 为宜，株行距 2.0m×1.5m。

移栽造林不宜选在生长高峰期，可提高造林成活率。依据"一提二踏三覆土"的栽植原则，将移栽苗竖放于穴内，并使根系自然展开，然后填埋一半土壤，待土壤盖满根部时轻提移栽苗，可使土壤和根系接触更加紧密，同时踏实移栽苗木四周的土壤，继续填埋土壤并再次踏实，最后在树头处填埋土壤成圆锥状，以固定树体，免受外界干扰导致倒伏（钟球泰 等，2015）。

可与杉木、枫香、红锥、青冈等混交种植，形成混交林。

参考文献

段如雁，韦小丽，孟宪帅，2013. 不同光照条件下花榈木幼苗的生理生化响应及生长效应 [J]. 中南林业科技大学学报，33（5）：30-34.

段如雁，韦小丽，张怡，等，2015. 花榈木容器育苗的基质筛选 [J]. 林业科技开发，29（4）：27-31.

刘鹏，何万存，黄小春，等，2017. 花榈木研究现状及保护对策 [J]. 南方林业科学，45（3）：45-48.

彭明良，2013. 如何对花榈木进行科学的管理 [J]. 北京农业，12: 76-77.

祁承经，汤庚国，2015. 树木学（南方本）[M]. 北京：中国林业出版社.

沈绍南，柳尚贵，蔡焕留，2009. 珍贵树种花榈木丰产栽培技术 [J]. 现代农业科技，1: 81+84.

杨四知，2007. 松溪县花榈木资源保护与可持续利用 [J]. 林业勘察设计，2: 111-114.

姚军，2007. "材貌双绝"花榈木 [J]. 园林，3: 18-19.

虞志军，单文，潘国浦，等，2008. 花榈木播种苗在庐山越冬生存适应实验初探 [J]. 种子，7: 55-56+60.

钟球泰，赖仁龙，2015. 花榈木播种育苗及丰产栽培技术 [J]. 绿色科技，12: 82-83.

〉〉〉 豆科 Leguminosae

17 ▶ 格木

Erythrophleum fordii

别名：赤叶柴、斗登风

形态特征

乔木，高可达 30m。嫩枝和幼芽被铁锈色短柔毛。叶互生，二回羽状复叶，对生或近对生，每羽片有小叶 8~12 片；小叶革质，互生，卵形或卵状椭圆形，先端渐尖，基部圆形，两侧不对称，边全缘。由穗状花序所排成的圆锥花序长，总花梗上被铁锈色柔毛；花瓣 5，淡黄绿色，长于萼裂片，倒披针形；雄蕊 10 枚，长为花瓣的 2 倍。荚果长圆形，扁平，厚革质，有网脉；种子长圆形，稍扁平。花期 5~6 月，果期 8~10 月。

广东省分布

产广州、博罗、紫金、高要、怀集、封开、郁南、信宜等地。

生态习性

生长在 800m 以下的低山丘陵山坡下部和山谷地带（魏素梅，1981）。喜温暖湿润气候，分布区年均气温 19.2~22.1℃，极端最高气温 40.5℃，极端最低气温 -6℃。年降水量 1500~2000mm，相对湿度 78% 以上。土壤为砖红壤或红壤，在土层深厚、湿润肥沃的土壤上生长正常，在干旱、瘠薄土壤生长不良。幼龄稍耐阴，中龄后喜光，不耐寒。幼树幼苗常因霜冻而枯梢，频繁的重霜天气可导致死亡（李胜强 等，2008）。

应用价值

珍贵优质硬材，木材无气味，纹理直，材质坚硬，抗虫蛀，经历千年不朽，故有"铁木"之称。干燥后无收缩或变形，耐水耐腐，是家具制造、船舶工业、建筑业的理想用材。树冠浓荫苍绿，也是优良的观赏树种，可作"四旁"绿化之用，涵养水源和改良土壤的效果显著。含有三萜生物碱、二萜生物碱和二萜酰胺，具有选择抑制癌细胞、抗血管生成效应、影响体外细胞凋亡等作用（唐玉贵 等，2008；杨保国 等，2017）。

种植关键技术

造林时应当选择山地的山坡中下部及丘陵、台地，土层选择较深厚、肥沃、湿润、排水良好的轻黏土或砂质壤土（魏素梅，1981）。

林地清理和整地应在雨季前 3~4 个月以内进行，在种植坡度较大的地方要尽可能地选择穴垦与带垦，穴垦规格为 50cm×50cm×35cm。宜密植混交造林，株行距 2m×2m（李胜强 等，2008）。

在种植完成后的 5 年内，每年要在雨季的中期和末期进行 2 次抚育工作。首次抚育结合施肥和松土来进行，第 3 年后疏伐定株，第 4 年后应结合生长状态，清理影响其生长的非目的树种，以促进树木生长（雷娟，2016）。

幼树期间受蛀梢害虫为害的影响较大，不适宜营造纯林，宜与其他树种如火力楠、枫香、西南桦 *Betula alnoides*、米老排等混交，或用于林下套种。还可与木荷、红锥、马尾松等用材树种混交，混交方法可用行间混交（李胜强 等，2008；杨保国 等，2017）。

参考文献

雷娟，2016. 格木种植技术及病虫防治措施 [J]. 农业与技术，36（5）：98-99.

李胜强，许建新，陈波，等，2008. 珍稀植物格木的研究进展 [J]. 广东林业科技，24（6）：61-64.

唐玉贵，蒋燚，2008. 几个值得大力发展的优良珍贵树种（一）[J]. 广西林业科学，37（3）：137-140.

魏素梅，1981. 格木栽培技术总结 [J]. 热带林业科技，1：13-16.

杨保国，刘士玲，郝建，等，2017. 珍贵树种格木研究进展 [J]. 广西林业科学，46（2）：165-170.

〉〉〉 豆科 Leguminosae
18 ▶ **仪花** *Lysidice rhodostegia*
别名：单刀根

形态特征

　　小乔木，高可达 12m。树皮厚，灰白色至暗灰色。树冠近球形或扁球形。小叶 3~5 对，偶数羽状复叶，长椭圆形或卵状披针形，先端尾状渐尖，基部圆钝；小叶柄短粗，托叶小。圆锥花序顶生枝顶，花瓣紫红色。荚果扁平，条形，腹缝较长而弯曲，开裂，果瓣常呈螺旋状卷曲，具种子 2~7 粒，褐红色。花期 6~8 月，果期 9~11 月。

广东省分布

　　产连山、五华、广州、高要、封开、德庆、阳春、高州、信宜、东莞、中山等地。

生态习性

　　根系发达、较深，适应性较强，喜光，适生于年均气温 20~23℃、极端低温在 0℃以上的地区，能耐轻微霜冻，对土壤的肥力、酸碱度等要求不严。幼树稍耐阴，成年后树喜光，宜在阳坡种植。常生长在海拔 1000m 以下的山地丛林、灌丛、路旁与山谷溪边，华南、西南等绝大部分地区均能种植，而且在绝大部分地区生长表现良好（吴宪，2019；郑建宏，2017）。

应用价值

　　树干挺拔，树冠优美，且冠幅宽大，叶色四季常青，花朵美观鲜艳，开花持续时间长，是城乡绿化美化的优良树种。木材坚硬、不易变形、承重能力强，是优良的建筑用材。韧皮纤维可代麻。根、茎、叶可用于治跌打损伤、骨折、风湿关节炎、外伤出血等症（吴宪，2019）。

种植关键技术

　　适应性较强，在石灰岩山地亦可种植。
　　种植前应放足基肥，每株可放 1~2kg 腐熟的有机肥。宜用大苗移栽造林，必须带土团，春季雨后种植成活率较高。种植前应修剪部分树叶，以减少水分蒸发，提高种植的成活率。栽培的株行距因培育目标而异，若用作于城市绿化，株距可采用 5m 甚至更大，栽培过程中要注意对分枝进行必要的修剪；若用于药物采集，则可适当密植，增加施肥量，促进根系和主干的生长（何日明 等，2007）。

移栽后要加强除草及水肥管理，及时补充肥料。为了能培育出观赏价值较高、形态优美的苗木，培育过程中须对树干进行必要的修枝和整形，并做好修枝后的伤口处理和林内卫生清理工作，及时防治病虫害（吴宪，2019）。

观花树种，可与樟树 *Camphora officinarum*、澳洲鸭脚木 *Schefflera macrostachya* 等常绿乔木搭配种植。

参考文献

何日明，卢立华，2007. 城镇园林绿化优良树种——仪花 [J]. 中国城市林业，5:63.

吴宪，2019. 南方优良乡土阔叶树种仪花的特性及高效栽培技术分析 [J]. 南方农业，13（18）：63-65.

郑建宏，2017. 仪花树种播种育苗技术 [J]. 现代园艺，12:42.

豆科 Leguminosae
Zenia insignis

19 ▶ 任豆

别名：任木、翅荚木、翅荚豆

形态特征

　　落叶乔木，高达 20m。芽鳞少数。小枝黑褐色，散生黄白色小皮孔。奇数羽状复叶；小叶互生，长圆状披针形，先端短渐尖，基部圆，全缘，上面无毛，下面有灰白色糙伏毛。花两性，近辐射对称，红色，组成顶生圆锥花序，花序梗和花梗被黄棕色糙伏毛；萼片、花瓣覆瓦状排列，花瓣稍长于萼片。荚果长圆形，成熟时红棕色，腹缝有翅；种子圆形，棕黑色，有光泽。花期 4~5 月，果期 6~8 月。

广东省分布

　　产乐昌、连山、连南、阳山、阳春等地。

生态习性

　　生于海拔 200~950m 的山地密林疏林中。喜热，自然分布区为中亚热带至热带。土壤为棕色石灰岩土，pH 值 6.0~7.5，在酸性红壤和赤红壤上也能生长。强喜光树种，能耐一定水湿，也能耐一定干旱贫瘠，根系发达，在石灰岩石山中下部生长较好（吴宏扬 等，2014）。

应用价值

　　生长迅速，萌芽力极强，1 年生幼苗高可达 2.5m 以上，可营造短周期工业用林材、纸浆林材、薪炭林，是一种优良的多用途树种。理想的人造板生产原料，可适应普通或特种功能纤维板、刨花板和单板层积材的生产；木材质地轻、纹理直、避虫蛀，水浸不开裂、不变形，经阻燃处理和表面装饰后可广泛应用于建筑、室内装修、家具制造等行业。木质素含量很低，纤维素和戊聚糖含量高于马尾松而与速生桉树和杨树接近，是一种优良的纸浆阔叶树种。良好的蜜源树，花含蜜量高且优质（简兴 等，2005；吴宏扬 等，2014；侯伦灯 等，2001）。

种植关键技术

尽量选择土层深厚、阳光充足、排灌方便的林地，酸性土为宜，在土壤较肥的土地上栽种，生长更为旺盛。

整地在 11、12 月完成，全垦和穴垦皆可。造林前先清除林地上的杂草和灌木，全面翻松泥土。在岩溶区造林要预防水土流失情况的发生，植穴规格为 40cm×40cm×30cm，如果遇到土壤回坑状况，则要粉碎土块、表土归心直至填满。栽植株行距以 2m×3m 或 3m×3m 为宜。可裸根苗截干造林、容器小苗造林或直播造林（梁瑞龙，2015；吴宏扬 等，2014）。

造林后要进行除草、松土、抚育工作，其中抚育需要连续 2 年。在任豆林间种小麦、大豆等矮秆农作物，可增加林地的土壤覆盖率，降低土壤表层温度，庇荫幼苗，提高林木产量和质量（吴宏扬 等，2014）。

耐旱，适应石灰岩钙质土生境，可营造纯林，或与香椿 *Toona sinensis*、麻楝 *Chukrasia tabularis* 等混交种植，用于石漠化治理工程（梁瑞龙，2015）。

参考文献

侯伦灯，李玉蕾，李平宇，等，2001. 任豆树综合利用研究 [J]. 林业科学，37（3）：139-143.

简兴，苗永美，2005. 任豆的利用价值与造林技术 [J]. 中国林副特产，6: 28.

梁瑞龙，周全连，李娟，等，2015. 生态与经济型乡土阔叶树种任豆研究进展及其发展对策 [J]. 广西林业科学，44（2）：156-161.

吴宏扬，蒋小华，蒙艳，2014. 任豆树用材林培育关键技术应用分析 [J]. 现代园艺，20: 52-53.

金缕梅科 Hamamelidaceae

Mytilaria laosensis

20 ▶ **米老排**

别名：壳菜果

形态特征

常绿乔木，高达 30m。小枝具节及环状托叶痕。叶革质，宽卵形，基部心形，全缘或幼叶 3 浅裂，具掌状脉；叶脉圆筒形，无毛。花多数，紧密排列在花序轴上，萼片卵圆形，外侧有毛，花瓣白色，带状，舌形。蒴果外果皮厚，黄褐色，松脆易碎，内果皮木质；种子黑褐色，有光泽，种脐白色。花期 4~5 月，果期 10~11 月。

广东省分布

产阳春、郁南、德庆、罗定、信宜、封开等地，现广泛种植于中山各地。

生态习性

自然分布于云南东南部、广西西南部及广东西部，垂直分布于海拔 250~1000m 的山地、沟谷两旁及丘陵中下部。属弱喜光树种，幼林期耐阴，大多生长在林缘、林下和空旷地带。喜肥沃、排水良好的土壤，适应酸性的砂壤土至轻黏土，在钙质土中不能生长（覃仁浓，2021；徐良，1984）。

应用价值

生长快、成材早、出材量大、易加工，目前主要用于制浆造纸和纤维板，直接用于结构用材的较少，未来开发利用作为结构用材，具有广阔的前景（黄正暾 等，2009）。亦可园林应用，作饲料资源、生态防护、战略储备林等（覃仁浓，2021）。

种植关键技术

尽量选择土壤疏松深厚、富含腐殖质的低山、丘陵酸性土地区作为造林地，以山腰下部至山谷、山冲地为佳。

造林前采用全垦或带垦进行整地，植穴规格为 50cm×50cm×30cm，把土块充分弄碎，并回填表土。造林密度对胸径生长影响较大，初始密度不宜过高，以 2.3m×2.7m 为宜，丘陵区及土壤较差的地方应种植稍密，以 2m×2m 为宜。造林季节以早春 2 月为好，最迟不超过 3 月中旬（徐良，1984）。造林当年应于夏秋季节除草培土 2 次，以后每年除草松土 1 次，连续 3 年。植后第 2 年出现萌蘖条，消耗养分，必须进行除萌。在造林技术完成后，经过 3~4 年能达到郁闭成林的效果，应根据留大除小、留优去劣、留疏去密的原则进行间伐，使林内整体郁闭度控制在 0.6 为佳（罗兴技，2021；徐良，1984）。

米老排与杉木是一种较为适宜的混交模式，能在保护环境、改良土壤、保持水土、涵养水源上发挥重要作用，还能与其他树种如格木、火力楠、香樟等阔叶树种混交成林（黄正暾等，2009）。

参考文献

黄正暾，王顺峰，姜仪民，等，2009.米老排的研究进展及其开发利用前景 [J].广西农业科学，40（9）：1220−1223.

罗兴技，2021.米老排的栽培技术要点分析 [J].智慧农业导刊，1（15）：46−48.

覃仁泷，2021.米老排栽培技术及应用前景 [J].现代农业科技，18：150−151.

徐良，1984.南方优良速生树种——米老排 [J].热带林业科技，2：53−60.

杨柳科 Salicaceae

Homalium ceylanicum

21 ▶ 斯里兰卡天料木

别名：母生、红花母生、高根、山红罗、光叶天料木、老挝天料木、红花天料木

形态特征

大乔木，高达 25m。树干通直，树枝平展。树冠圆锥形。树皮灰白色。叶革质，椭圆形，先端短渐尖，基部宽楔形，疏生钝齿或全缘，两面无毛，侧脉 6~10 对。总状花序腋生，花外面淡红色，内面白色；萼筒陀螺状，萼片线状长圆形；花柱略高出雄蕊。蒴果倒圆锥形。花期 4~6 月，果期 10~12 月。

广东省分布

原产于我国海南、云南、西藏等省份，广东中部和南部区域栽培较多。

生态习性

喜光，幼树稍耐阴。适生于年均气温 22~24℃、年降水量 1500~2400mm 的地区。适应性较强，较耐旱、耐贫瘠，幼树能耐 -2℃低温。喜肥沃、疏松、排水良好的土壤，在坡度较缓、土层深厚、腐殖质丰富的土壤生长良好。根系发达，具抗风能力（陈彧 等，2015）。

应用价值

热带珍贵用材树种，心材大，结构致密，木材坚韧，耐腐、抗虫，耐海水浸泡，易加工，干燥不翘裂，为特类用材，也是高级家具、器具、装修、工艺雕刻及细木工等优良用材。树形挺拔，枝叶浓密，叶色光润，是优良的园林观赏树种（蒋桂雄 等，2014）。

种植关键技术

沿海造林应选择相对背风的区域，山地造林最好选择土壤较深厚的缓坡和山谷地（陈圣贤，2005）。

整地一般采用挖大穴回表土，植穴规格为 60cm×50cm×50cm，在有条件的地方，可施基肥，肥料为钙镁磷每穴 300g 或土杂肥每穴 2kg（陈圣贤，2005）。

在广东适合于 3~5 月造林（陈彧 等，2015）。幼林的抚育管理包括松土和除草两个工序，一般造林后的 1~3 年内，每年抚育 1~2 次，雨季前和雨季后各抚育 1 次。培育大径材通常需在 5~7 年间进行适当间伐，间伐强度为株数的 40% 左右，而培育主伐年龄为 6~7 年的短周期纸浆材，则不必间伐（李善淇 等，1979；潘伟华，2005）。

可营造纯林，根据幼树稍耐阴的特性，也可作为马尾松、杉木、相思等纯林的改造目标树种，混交造林的混交方式以星状或行状混交为宜（陈圣贤，2005）。

参考文献

陈圣贤，2005. 红花天料木育苗造林技术 [J]. 林业实用技术，11: 20-21.

陈彧，陈强，杨众养，等，2015. 红花天料木育苗及栽培技术 [J]. 热带林业，43（4）: 38-40+48.

蒋桂雄，朱积余，2014. 广西珍贵树种高效栽培技术（连载）[J]. 广西林业，1: 44-45.

李善淇，郑海水，王运海，1979. 母生幼林早期间伐的效果 [J]. 热带林业科技，4: 18-26.

潘伟华，2005. 红花天料木造林技术与效果分析 [J]. 引进与咨询，11: 66-67.

形态特征

乔木，高达 40m。幼枝、花序及果均被灰黄色星状微柔毛，老枝无毛。叶薄革质，椭圆形或卵圆形，先端短尖或钝圆，基部宽楔形、钝圆或浅心形，全缘，两面近无毛，基部有 2 球形腺体，托叶三角状卵形。花序生于枝条近顶部叶腋，雄花序长 10~20cm，雌花序长 6~10cm，苞片卵形。果近球形，果皮稍肉质；种子椭圆形。花期 5~8 月，果期 8~11 月。

广东省分布

产博罗、广州、深圳、肇庆、阳春、阳江、徐闻等地。

生态习性

生长在海拔 600m 以下山地常绿雨林和次生季雨林中，均为散生。喜温暖湿润，不耐阴，幼苗也喜光。对土壤要求不严格，多在花岗岩、沙页岩发育的酸性红壤上生长，在土层深厚、湿润、肥沃的背风林中长势旺盛，树干挺直（陈素灵 等，2005）。

应用价值

木材为散孔材，淡黄色，纹理通直，结构细致，材质轻软，加工容易，旋刨性能好，干燥后稍开裂，但不变形，不耐腐，材色淡而一致，纵切面平滑略有光泽。可作胶合板、文具、火柴杆、模型、门窗、家具和日用器具等用材。生长迅速，干形通直高大，是广东中部和南部速生用材树种之一。树叶、树皮入药，有舒筋活络、祛瘀生新和消肿镇痛效用，治关节痛、腰腿痛和四肢麻木；树皮可治疟疾（袁铁象 等，2011）。

种植关键技术

林地应选择在山坡的中下部、沟谷和河流两岸或皆伐迹地，相对湿度在 80% 以上的立地环境（周铁烽，2001）。

在雨季前 2~3 个月对造林地进行整地，植穴规格为 50cm×50cm×40cm，有条件在雨季前可施基肥，将回表土与基肥搅拌均匀，并用回表土填满穴内 3/4，便于及时造林（陈素灵 等，2005）。

在山坡下部及山谷杂草繁茂的地方应适当增加抚育次数，免遭杂草压盖而影响成活和生长。抚育安排在生长高峰期，即雨季来临之前和结束时进行。第 1 年抚育管理次数不少于 2~3 次，首次抚育应结合松土、施肥，以后每年抚育次数应根据幼林生长发育情况决定（周铁烽，2001）。

树体高大、可与中华楠、臀果木 *Pygeum topengii*、白颜树 *Gironniera subaequalis*、中华锥 *Castanopsis chinensis* 等珠三角地区常见乡土树种混交种植、形成乔木层层次丰富的地带性阔叶混交林。

参考文献

陈素灵，方发之，梁居红，等，2005.黄桐幼林速生丰产栽培技术 [J]. 热带林业，33（4）：47-48.

袁铁象，黄应钦，梁瑞龙，等，2011.广西主要乡土树种 [M]. 南宁：广西科学技术出版社 .

周铁烽，2001.中国热带主要经济树木栽培技术 [M]. 北京：中国林业出版社 .

23 ▶ **银杏**
Ginkgo biloba

别名：白果、公孙树、鸭掌树

形态特征

　　乔木，高达 40m。树皮灰褐色，纵裂。幼年及壮年树冠圆锥形，老则广卵形。枝条近轮生，斜上伸展。叶扇形，有长柄，有多数叉状并列细脉，在短枝上常具波状缺刻，在长枝上常2 裂，基部楔形。雌雄异株，雌雄花皆着生于短枝上，雄花穗状花序，淡黄色；雌球花有长梗，花淡绿色。种子椭圆形，倒卵圆形或近球形，成熟时黄色，被白粉。花期 3 月下旬至 4 月中旬，果期 9~10 月。

广东省分布

　　我国原产，乐昌、南雄、乳源、连州、连山、连南、阳山、翁源、新丰、和平等山区县栽培较多。

生态习性

　　喜光，喜温暖、温润、凉爽气候；对气候的适应性较强，能在高温多雨及雨量稀少、冬季寒冷的地区生长，但生长缓慢；在年均气温 10~22℃、降水量 700~1500m，平原土壤肥沃处生长良好。根系发达，根颈处有很强的萌芽力。对土壤的适应性较广，耐旱性强，不耐水湿，能生于酸性土壤、石灰性土壤及中性土壤上，但不耐盐碱土及过湿的土壤。

应用价值

　　叶提取物能改善缺血症状，对冠心病和脑栓塞等有显著疗效；叶还能生产饮料和茶等。果仁对于高血脂、动脉硬化等疾病具有显著疗效。树干通直，木材材质光泽度优良，纹理格外美观，易加工、不翘裂、耐腐性强，是制乐器、家具的上等材料（夏云龙 等，2022）。

种植关键技术

不耐湿、喜暖性的喜光树种，应选择坡度较小的阳坡为造林地，要求肥厚、湿润、排水性良好的壤土或砂质壤土，土壤中性或者微酸性最佳（张秀辉，2018）。

造林时间以春季为宜，株间距为 4m×5m，栽后浇透水、培土（夏云龙 等，2022）。

与桃树 *Prunus persica* 混交造林，可克服银杏结果晚、林地见效慢的缺点，又可克服桃树寿命短的弱项（梅继林 等，2006）。还可与茶树 *Camellia sinensis*、桑树 *Morus alba*、牧草等套种，改善土壤结构，提高经济效益（刘标 等，2010；孙秀梅 等，2009）。

参考文献

刘标，杨燕燕，2010. 茶叶套种银杏技术模式研究 [J]. 现代农业科技，7: 59-60.

梅继林，黄守保，2006. 银杏与桃树混交造林技术 [J]. 特种经济动植物，1: 28-29.

孙秀梅，管琴，肖国林，2009. 银杏的高效间套种栽植模式 [J]. 果农之友，7: 26-27.

夏云龙，商忆聪，2022. 银杏的价值及造林管理技术 [J]. 中国林副特产，6: 74-75.

张秀辉，2018. 银杏树种植栽培技术探讨 [J]. 现代园艺，8: 27.

红豆杉科 Taxaceae
Taxus wallichiana var. *mairei*

(24) 南方红豆杉

别名：红叶水杉、海罗松、榧子木、赤椎、杉公子、美丽红豆杉

形态特征

大乔木，高可达 25m。树皮呈淡灰色或红褐色，纵裂成狭长薄片脱落。叶常较宽长，多呈弯镰状，上部常渐窄，先端渐尖，中脉带明晰可见，其色泽与气孔带相异，呈淡黄绿色或绿色，绿色边带亦较宽而明显。球花单性，雌雄异株。种子坚果状，成熟时假种皮红色，种子倒卵圆形。花期 4~5 月，果期 6~11 月。

广东省分布

产乐昌、乳源、连州、连山、连南、仁化、怀集等地。

生态习性

主要分布在亚热带季风气候区，喜温暖潮湿，喜生于海拔 300~1600m 的山坡、沟谷、河边或密林中的阴湿处，极耐阴。在石灰岩山地钙质土及瘠薄的山地亦能生长，但在干燥的平原地区生长不良，形成灌木状。福建、江西、湖南和贵州等地野生资源最多。

应用价值

珍稀名贵树种，材质坚硬，密度高，木质细腻，可供建筑、高级家具、室内装修、车辆、铅笔杆等广泛应用，且木材极其耐腐，外形稳定，不易变形，因而具有极高的收藏价值。从其根、树皮和枝叶中提取的紫杉醇具有独特的抗癌机理，能抑制恶性肿瘤细胞分裂（陈如平，2014）。

种植关键技术

宜选择中下部、山脚、沟边和山谷等土层深厚疏松、腐殖质丰富、排水良好的微酸性或中性土壤为造林地，坡向为东坡、北坡、东北坡、西北坡或地形隐蔽的阳坡，坡度在 35°以下为宜。也可选择适宜的较高海拔地（500~800m）种植（尤泽胜，2015；周志春 等，2022）。

选择 2~3 月未发芽的苗木于阴雨天进行种植，并进行带状或穴状整地。植穴规格为 50cm×50cm×40cm，施足有机肥或生物肥作为基肥（欧阳泽怡，2021；周志春 等，2022）。

造林后前 2 年，每年要进行 2 次松土和施肥，在苗木下开挖深度和宽度均为 10cm 左右的土沟作为施肥沟，在施肥沟埋入有机肥后压实。造林第 2 年开始，每年可结合幼林抚育和扩穴，及时修除基部萌条和强势的竞争侧枝，并适当修枝，以利于顶端优势生长和干材培育（欧阳泽怡，2021；周志春 等，2022）。

可与高大的成年乔木如黑壳楠、青冈栎、柳杉、樟树等搭配种植，幼林时期可依靠成年乔木的浓郁树冠遮阴；宜选择在郁闭度为 0.5 左右的杉木林、马尾松林和次生阔叶林等林冠下套种，不宜迹地造林。

参考文献

陈如平，2014. 南方红豆杉的经济价值及栽培管理技术 [J]. 中国园艺文摘，30（4）：172–173.

欧阳泽怡，2021. 南方红豆杉栽培技术 [J]. 林业与生态，2：39–40.

翁志远，吴光柳，2003. 南方红豆杉栽培技术 [J]. 浙江林业科技，23（3）：34–35.

尤泽胜，2015. 南方红豆杉人工栽培技术研究 [J]. 花卉，13：112–113.

周志春，金国庆，何贵平，2022. 针叶树种的生态栽培技术（二）[J]. 浙江林业，2：22–23.

龙脑香科 Dipterocarpaceae

25 ▶ 青梅

Vatica mangachapoi

别名：青皮、海梅、油楠、青楣

形态特征

乔木，高达 25m。小枝被星状茸毛。叶革质，全缘，长圆形至长圆状披针形，先端渐尖或短尖，基部圆形或楔形，两面均突起，网脉明显，无毛或被疏毛；叶柄密被灰黄色短茸毛。圆锥花序顶生或腋生，被银灰色的星状毛或鳞片状毛。果实球形；增大的花萼裂片其中 2 枚较长，先端圆形，具纵脉 5 条。花期 5~6 月，果期 8~9 月。

广东省分布

原产于我国海南、广州、深圳、佛山、东莞等地有栽培。

生态习性

喜湿，耐旱，耐盐碱，喜光，耐阴，抗风、抗逆性较强的树种（周亮 等，2013）。野生种群在我国仅分布在海南岛，以霸王岭、猕猴岭、尖峰岭较为集中（尚帅斌 等，2015；周铁锋，2001）。一般生长于海拔 800m 以下，对土壤具有较强的适应性，极耐瘠薄，从滨海沙地到低山、中高山的山地砖红壤性土、砖黄壤土均有分布（许涵 等，2007）。树形高大挺拔，四季常绿，树冠浓密，深根性，结实量大，健壮的母树每株每年结实量在 2kg 左右，天然更新性良好；在天然林中生长较慢，一般低海拔地区比高海拔地区生长快，疏林比密林下生长快（黄久香 等，2008）。

应用价值

国家二级保护野生植物，是热带雨林主要优势种和珍贵木材，树干通直圆满，木材结构细致，材质坚重、耐腐，是优良的珍贵用材树种与行道树种（李意德 等，2006）。

种植关键技术

育苗造林技术相对较成熟，在新鲜带翅果实采集后，需贮藏于阴凉处，并及时播种（周铁峰，2001），主要包括育苗、种植、抚育和后期管理3部分。

育苗：种子进行去翅后条播或撒播，搭荫棚遮光，早晚浇水；约7天后发芽，幼苗达到2对真叶时分床或移入营养杯中培育；待幼苗恢复正常生长2个月后开始施肥，1年生苗可出圃造林。

造林地、时间：适应性广，在广东中部到西南部地区海拔500m以下的迹地、山地、丘陵及台地，均可种植；用2年生大苗造林抗旱性较强，也可用1年生高30cm左右的营养杯苗造林；选择在8~9月雨季间连续阴雨天定植。

抚育和后期管理：青皮幼苗根系恢复较慢，幼树定植后，头2年必须加强抚育，扩大植穴适当施肥，以促进幼树生长；并防天牛类害虫蛀蚀幼林木材（许涵 等，2007）。

生长快，易繁殖栽培，在广东西部地区可作为森林上层建群树种，可合理搭配红锥或桢楠混种，形成混交林（李意德 等，2006；黄久香 等，2008）。

参考文献

黄久香，黄妃本，许涵，等，2008.海南岛青梅AFLP标记的遗传多样性 [J]. 林业科学，44（5）：46-52.

李意德，方洪，罗文，等，2006.海南尖峰岭国家级保护区青皮林资源与乔木层群落学特征 [J]. 林业科学，42（1）：1-6.

尚帅斌，郭俊杰，王春胜，等，2015.海南岛青梅天然居群表型变异 [J]. 林业科学，51（2）：154-162.

许涵，李意德，骆土寿，等，2007.海南岛国家重点保护植物青皮（*Vatica mangachapoi*）研究综述 [J].热带林业，35（2）：8-11.

周亮，张淑红，黄自云，2013.雨林植物——青梅 [J]. 园林，3：68.

周铁锋，2001.中国热带主要经济树木栽培技术 [M]. 北京：中国林业出版社.

〉〉〉 龙脑香科 Dipterocarpaceae

Hopea hainanensis

26 ▶ 坡垒

形态特征

　　乔木，高达 20m，具白色芳香树脂。树皮灰白色或褐色，具白色皮孔。叶近革质，长圆形至长圆状卵形，先端微钝或渐尖，基部圆形。圆锥花序腋生或顶生，密被短的星状毛或灰色茸毛；增大的 2 枚花萼裂片为长圆形或倒披针形，被疏星状毛。果实卵圆形，具尖头，被蜡质。花期 6~7 月，果期 11~12 月。

广东省分布

　　原产于我国海南，广州、佛山等地有栽培。

生态习性

　　我国海南特有种，零星散生于天然林密林环境中，以霸王岭和尖峰岭林区分布较为集中，见于 300~800m 的山谷沟旁或东南坡面上（黄桂华 等，2011）。适应炎热、静风、湿润以至潮湿的生境（黎国远 等，2015）。分布受低温的限制，极端最低气温在 3℃ 以下，并出现连续 2~3 天的凝霜，幼苗地上部分会冻伤，在没有霜冻地区，则长势良好（周铁峰，2001）。生长环境的土壤以砂质或花岗岩作为母质而发育成为砖红壤为代表的类型，随着海拔的增加不断过渡为山地红壤，土壤 pH 值在 4.67~5.63 间（陈彧 等，2017）。

应用价值

　　国家一级保护野生植物，也是我国珍贵用材树种之一，木材经久耐用，作捕鱼器械、码头桩材、桥梁和其他建筑用材等（陈侯鑫 等，2015）。

种植关键技术

　　造林地选择在山谷和山腰以下，温暖而阴凉的环境，土层深厚肥沃湿润的立地，造林前做好整地、挖穴工作。植穴规格为 60cm×60cm×60cm，株行距以 2m×2m 或 3m×3m。广东地区采用春雨造林，最好选择连续阴雨天气造林，成活率可达 80%~90%（周铁峰，2001）。幼龄期生长缓慢，造林后 3 年内要加强抚育管理、除草、松土和施肥，以促进幼林早日郁闭。

前期生长缓慢，可与生长较快的红锥等树种混种，形成混交林（李意德 等，2006）。

参考文献

陈侯鑫，黄川腾，何芬，等，2015. 坡垒研究进展综述 [J]. 热带林业，43（4）：4-6.

陈彧，方燕山，方发之，等，2017. 坡垒天然林下土壤养分及微生物群落分布特征 [J]. 热带林业，45（3）：19-22.

黄桂华，梁坤南，林明平，等，2011. 珍贵树种坡垒和油丹及其育苗技术 [J]. 林业实用技术，10：23-24.

黎国运，陈飞飞，杨枝林，2015. 坡垒种子育苗技术研究 [J]. 热带林业，43（4）：7-8+13.

李意德，方洪，罗文，等，2006. 海南尖峰岭国家级保护区青皮林资源与乔木层群落学特征 [J]. 林业科学，42（1）：1-6.

温小莹，黄芳芳，甘先华，等，2017. 坡垒、青皮在广东树木公园的引种表现 [J]. 林业与环境科学，33（4）：52-56.

周铁锋，2001. 中国热带主要经济树木栽培技术 [M]. 北京：中国林业出版社.

> > > 豆科 Leguminosae
Dalbergia odorifera

(27) 降香黄檀

别名：降香、花梨木、花梨母、降香檀

形态特征

乔木，高达 25m。树皮黄灰色，粗糙，有纵裂槽纹。小枝有小而密集皮孔。一回奇数羽状复叶，小叶 9~13，近革质，卵形或椭圆形，顶端的 1 枚小叶最大。圆锥花序腋生，分枝呈伞房花序状；花冠乳白色或淡黄色。荚果舌状长圆形，基部略被毛，顶端钝或急尖，网脉不明显；果瓣革质；有种子 1（~2）粒。花期 3~4 月，果期 10~11 月。

广东省分布

原产于我国海南，肇庆、广州、深圳、珠海、中山等地栽培。

生态习性

喜温、喜光树种。天然分布区常年气温较高，适生于低海拔的平原或丘陵地区。根系发达、适应性强，耐干旱瘠薄，对土壤条件要求不严，在陡坡、岩石裸露的山地、干旱瘠瘦地区栽培也能生活，移植成活率高，生长旺盛，石灰岩山地也能生长，因此也是贫瘠地和石山造林绿化的优良树种（程亮 等，2012；钟丽芳，2013）。

应用价值

心材红褐色，材质致密硬重，耐浸耐磨，不裂不翘，且散发芳香经久不衰，花纹自然形成各种图案，是制作高级红木家具、工艺制品、乐器和雕刻、镶嵌、美工装饰等的上等材料。定植后一般在 7~8 年后才形成心材，极为珍贵稀有。木材经蒸馏后所得降香油，可作香料上的定香剂（广东省林业局，广东省林学会，2003）。

种植关键技术

广东地区造林需选择海拔低于 600m 的荒山荒地和采伐地的阳坡、半阳坡；褐色砖红壤和赤红壤等土壤类型均可造林。

种植地选定后，开垦植穴。植穴规格为 50cm×50cm×40cm，穴距为 3.0m×2.5m（钟丽芳，2013）。

种植应在早春雨透后的阴雨天进行，一般选择春季造林。栽植时要注意适当深栽，避免露出地径基部（林东辉，2009）。栽植后，整个回填土应略高于穴面成小丘形，或开排水沟，切勿积水，以免烂根。

造林时，可有选择地种植伴生树种，促进降香黄檀的高、径生长。与福建柏 *Fokienia hodginsii* 混交，降香黄檀的胸径比纯林粗 12.65%，平均树高增加 8.76%，单株积材增加 30.77%，蓄积量增加 22.03%（谢鹏虎，2013）。与杉木混交造林，能促进降香黄檀的干形发育，改善林分结构和林内小气候特征（蔡益航 等，2010）。

参考文献

蔡益航，林星，李宝福，等，2010. 降香黄檀杉木混交造林试验研究 [J]. 安徽农学通报，16（11）：205−206.

程亮，余玉珠，胡礼伟，等，2012. 降香黄檀育苗及高效栽培技术 [J]. 林业实用技术，8: 21−23.

广东省林业局，广东省林学会，2003. 广东省商品林 100 种优良树种栽培技术 [M]，广州：广东科技出版社.

林东辉，2009. 降香黄檀绿化造林技术要点 [J]. 内蒙古林业调查设计，32（6）：38−55.

谢鹏虎，2013. 降香黄檀福建柏混交造林试验 [J]. 绿色科技，2: 54−57.

钟丽芳，2013. 降香黄檀造林技术 [J]. 现代农业科技，18: 175.

馬鞭草科 Verbenaceae

28 **柚木**
Tectona grandis

别名：脂树、紫油木

形态特征

乔木，高达 25m。树皮灰色，浅纵裂。小枝四棱形，被灰褐色茸毛。叶对生，厚纸质，全缘，卵状椭圆形或倒卵形，基部楔形下延，背面密被黄褐色星状毛；叶柄粗壮。圆锥花序顶生，长 25~40cm，宽 30cm 以上；花有香气，但仅有少数能发育；花冠白色；子房被糙毛；柱头2 裂。核果球形，直径 12~18mm，外果皮茶褐色，被毡状细毛，包于宿萼内。花期 8 月，果期10 月。

广东省分布

原产于印度、缅甸、马来西亚和印度尼西亚，广州、湛江、云浮、江门、肇庆、惠州、梅州、汕头、阳江、揭阳、韶关等地均有引种栽植。

生态习性

热带地区强喜光树种，对气温、光照和水肥条件要求极高，适生于年均气温为 20~27℃（吴忠锋 等，2017），砖红壤，土壤 pH 值为 6.0~8.0，适宜在砂页岩、花岗岩、砂岩等母岩发育成的土壤上生长，但要求土层深厚、肥沃、湿润、排水和透水性良好。在土壤浅薄、黏重、板结、酸性强及积水地带，生长不良（刘金凤 等，2003）。

应用价值

材质优良，是国际上最重要的热带珍贵用材树种之一，心材比例大，呈黄褐色至深褐色；结构致密，花纹美观，胀缩率小，加工性能良好；耐腐抗虫性极强，是室内高档装修及家具、贴面板、镶嵌工艺雕刻用材。

种植关键技术

广东地区造林主要在中南和西南地区，全年无霜区域为宜。造林地可选丘陵、低山、河谷，但最宜在平地栽植（刘金凤 等，2003）。

造林地选择好后，先作带状整地，再按 50cm×50cm×40cm 规格打穴。坡度稍大的造林地宜沿等高线开挖成水平台地，再打穴。

造林选择雨季初期，以土壤湿透为宜，多数通过低截干定植法定植，定植时，将苗木植于穴中心，回填土时边填边踩实，苗干不外露，穴面覆土要成龟背形，以防渍水；种植后留意水肥控制，松土打穴，5~6 年后间伐。

纯林种植较多，亦可与山合欢 *Albizia kalkora*、降香黄檀、格木等树种混交造林。

参考文献

梁坤南，周再知，马华明，2011. 我国珍贵树种柚木人工林发展现状、对策与展望 [J]. 福建林业科技，38（4）：173-178.

刘金凤，张荣贵，苏俊武，等，2003. 柚木壮苗培育及造林技术 [J]. 林业科技开发，5: 57-58.

吴忠锋，张鑫，唐昌亮，等，2017. 柚木繁育技术研究进展 [J]. 热带农业科学，37（1）：30-34.

瑞香科 Thymelaeaceae
Aquilaria sinensis

29 ▶ 土沉香

别名：沉香、芫香、女儿香、牙香树、白木香

形态特征

常绿乔木，高可达 15m。树皮暗灰色。叶革质，圆形、椭圆形至长圆形，两面无毛，小脉纤细且密，近平行，边缘有时被柔毛；叶柄被毛。花黄绿色，多朵组成伞形花序；萼筒浅钟状，两面均密被短柔毛；花瓣 10，鳞片状，着生于花萼筒喉部，密被毛；雄蕊 10。蒴果卵球形，幼时绿色，密被黄色短柔毛，2 瓣裂；种子褐色，卵球形，基部具有附属体，上端宽扁，下端成柄状。花期 3~5 月，果期 6~8 月。

广东省分布

产新丰、从化、博罗、惠东、惠阳、增城、中山、珠海、深圳、高要、新会、阳春等地。

生态习性

喜光、喜温暖多湿、耐高温。天然分布于低海拔的山地、丘陵及路边向阳处疏林中，大部分生于海拔 400m 以下，要求年均气温 20℃ 以上，年均降水量 1500~2000mm（郑来安 等，2021）。对土壤要求不高，在酸性（pH 值 5.0~6.5）的红壤、砖红壤、砂壤或山地黄壤都能生长，在黏土中生长慢，但木材结实，油脂丰富，易于结香（张玉臣，2016）。幼树喜荫蔽环境，不耐低温，幼苗遇 3℃ 低温并持续 12 小时以上，顶芽会出现冻伤（郑来安 等，2021）。

应用价值

著名芳香药用植物，老茎受伤后产生的树脂，俗称沉香，是非常名贵的香料；木质部可提取芳香油，花可制浸膏。

种植关键技术

广东地区造林在中部和南部较为适宜，选择上坡向阳区域较好。

种植地选定后，提前半年在冬季 11 月至翌年 2 月垦荒、除杂、翻耕整地。定植前，按株行距 2~3m×3~4m 开穴，植穴规格为 50cm×50cm×40cm，不宜过密，郁闭度太大的树木，结香质量差。

栽植宜在 3~4 月的阴雨天定植。定植时，扶正苗木，舒展根系，分层回土压实，淋足定根水，并在穴面覆盖稻草或干枯杂草、树叶等，保持穴面湿润。

可与铁冬青、假苹婆等植物混交种植。在珠三角森林中，土沉香林乔木层种类还有黄果厚壳桂 Cryptocarya concinna、臀果木 Pygeum topengii 等（朱报著 等，2011）。

参考文献

陈平先，2015. 土沉香的繁殖栽培及应用 [J]. 农业与技术，35（4）：8-9.

张玉臣，2016. 珍贵树种土沉香及其种子育苗技术 [J]. 现代园艺，13: 43-44.

郑来安，王锂韬，韩日清，等，2015. 土沉香的生长特性及种植技术 [J]. 南方农业，15（33）：27-29.

朱报著，张方秋，李镇魁，等，2011. 广州市含土沉香风水林的群落学特征及其保护 [J]. 广东林业科技，27（2）：15-21.

第二部分

景观树种

　　景观树种指在广东质量精准提升过程中，针对生态风景林和多彩林建设需要，筛选出的叶色季节变化明显、花色鲜艳或者果实色彩斑斓的树种，包括 14 种，隶属于 12 科 13 属。

　　在 14 种中，枫香 *Liquidambar formosana*、铁冬青 *Ilex rotunda*、红花荷 *Rhodoleia championii*、山杜英 *Elaeocarpus sylvestris* 等已广泛种植，红花油茶 *Camellia semiserrata*、无忧树 *Saraca dives* 等近年来种植也较多，大花第伦桃 *Dillenia turbinata* 在林地种植较少，岭南槭 *Acer tutcheri* 的苗木培育还非常少，需开展种苗培育。

金缕梅科 Hamamelidaceae

1 ▶ 枫香

Liquidambar formosana

别名：枫香树、枫树

形态特征

落叶乔木，高可达 30m。树皮灰褐色。小枝干后灰色，被柔毛。叶薄革质，阔卵形，掌状 3 裂，中央裂片较长；基部心形。掌状脉 3~5 条，上下两面均显著，网脉明显可见；边缘有锯齿，齿尖有腺状突。雄花穗状花序，常多个排成总状；雌花头状花序。头状果序圆球形，木质；种子多数，褐色，多角形或有窄翅。花期 3~4 月，果期 10 月。

广东省分布

全省各地均有分布。

生态习性

适应性强，分布广泛，在干旱和废弃矿山生境亦能生长。喜温暖湿润气候，喜光，幼树稍耐阴，喜中性和酸性的深厚肥沃土壤，最低可耐 -18℃的低温（赖开龙 等，2022）。在广东北部和东部部分林中为优势树种。

应用价值

树高干直，树冠宽阔，深秋叶色红艳，是优美的秋色叶观赏树种。全株均可药用，树皮、根、叶有祛风湿、行气、解毒之功效，果实有通经活络的功效。木材纹理通直细致，易加工，耐腐防虫，是做胶合板、木地板、仿古家具、台面板的理想用材，也可作为食品、茶叶、药品等包装箱的优质材料。另外，也是人工栽培香菇、木耳等食用菌的重要段木资源（翁琳琳 等，2007）。

种植关键技术

造林地应选择土层湿润、深厚、比较肥沃的山地。坡度 10°以下可以全垦；坡度 11°~20°

条穴垦，水平带宽 4.5~6.0m；坡度 21°以上穴垦，植穴规格为 50cm×40cm×40cm。回填表土，施基肥。山区可造纯林，株行距为 2.5m×2.5m 或 3m×3m；丘陵宜造混交林（佘新松 等，2001）。

造林时间宜选择在冬季或春季。用 1 年生苗木为好，随起随栽。起苗时要尽量保留侧须根，起苗后要保护好根系（程伟民，2001），栽植时苗根要舒展，苗木应剪除部分枝叶，栽植后要将苗木扶正，分层填土压实后，用松土培成馒头形。

在针阔混交林中的作用十分显著，是与马尾松、杉木混交造林的理想伴生树种。与马尾松混交能抑制或减轻松毛虫、松梢螟的危害；与杉木混交能明显地改善土壤理化性质，提高土壤养分含量，特别是速效养分含量（翁琳琳 等，2007）。

参考文献

程伟民，2001. ABT 生根粉在枫香造林中的应用 [J]. 安徽林业科技，4: 12.

赖开龙，晏国生，刘海新，2022. 多用途乡土树种枫香的培育关键技术 [J]. 园艺与种苗，42（12）：35-36.

佘新松，方乐金，2001. 枫香树幼林生长节律的观察研究 [J]. 江苏林业科技，28（2）：13-14.

翁琳琳，蒋家淡，张晶华，等，2007. 乡土树种枫香的研究现状与发展前景 [J]. 福建林业科技，34（2）：184-189.

山茶科 Theaceae
Camellia semiserrata

2 ▶ 红花油茶

别名：南山茶、广宁油茶、广宁红花油茶

形态特征

　　小乔木。嫩枝无毛。叶革质，椭圆形或长圆形，先端急尖，基部阔楔形，边缘上半部有疏而锐利的锯齿，叶柄无毛。花顶生，红色，无柄，花瓣6~7片，红色，阔倒卵圆形，雄蕊排成5轮；子房被毛，花柱长4cm，顶端3~5浅裂，无毛或近基部有微毛。蒴果卵球形，直径4~8cm。花期2~4月，果期10~12月。

广东省分布

　　产乳源、清远、从化、博罗、和平、广州、高要、恩平、广宁、阳春、罗定、德庆、封开、茂名等地。

生态习性

　　喜温暖湿润气候，喜光耐半阴，喜酸性肥沃土壤（孙佩光，2012）。

应用价值

　　花大，果大，可供观赏，也是重要木本油料植物。花朵红艳美观，树形挺拔，盛花期在冬春季节，非常耀眼。果实可提炼山茶油（孙佩光，2012）。

种植关键技术

　　林地选择土层较厚、排水良好、酸性土壤的向阳山坡。种植地选定后，整地，清除灌木和杂草，打穴，植穴规格为50cm×50cm×40cm，株行距一般为2m×2.5m或2m×3m。

　　栽植时间一般在雨季或雨季前夕，选择阴天或小雨天造林为宜。选择根系发达、长势旺盛的当年生苗木15cm高以上，2年生苗木30cm高以上。栽植时要细土回填，分层压实；栽植深度以不埋叶或露根，且苗木的根系不触及肥料为好。

可纯林种植，亦可与八角 *Illicium verum*、肉桂 *Cinnamomum cassia* 等经济植物搭配种植，在乡村亦可种植在村旁屋后，在城市公共绿地可与不同景观树种配置，形成多样化的景观。

参考文献

龚峥，王洪峰，张弘，等，2015. 广宁红花油茶组织培养育苗技术研究 [J]. 广东林业科技，31(2)：7–14

孙佩光，2012. 广宁红花油茶种质特性与变异研究 [D]. 北京：北京林业大学 .

大戟科 Euphorbiaceae

❸ ▶ 木油桐

Vernicia montana

别名：千年桐

形态特征

落叶乔木，高达 20m。叶阔卵形，顶端短尖至渐尖，基部心形至截平，全缘或 2~5 裂；裂口常有杯状腺体，两面初被短柔毛，掌状脉 5 条；叶柄顶端有 2 枚具柄的杯状腺体。雌雄异株或有时同株异序；花瓣白色或基部紫红色，且有紫红色脉纹，倒卵形。核果卵球状，具 3 条纵棱，棱间有粗疏网状皱纹。花期 3~5 月，果期 8~9 月。

广东省分布

全省各地常见，栽培或野生于路边或者疏林。

生态习性

生长速度快、寿命长，耐贫瘠和抗病性强。适合在强酸性土壤环境中种植（洪滔 等，2021；蓝金宣 等，2021）。

应用价值

种子含油量高，产量高，易储藏，易加工，桐油不仅可作为环保型高级油漆、油墨原料，更是重要的生物质能源，是重要的能源植物之一。树姿优美，树冠水平展开，枝叶浓密，花朵雪白，稍带一点红色，属优良风景树种。木材较脆，但易干燥，不翘不裂，可用于火柴、纤维板、刨花板的木材纤维材料和绝缘材料（何明霞 等，2009）。

种植关键技术

采用穴状整地，春季造林。造林后 7~8 月，进行松土、除草，施肥。疏松土壤，提高土壤肥力，松土深度一般为 10~18cm（邓成业 等，2017）。根据不同种植目的，采取不同养护策略。作为能源植物的果用林，需精细养护，提高坐果率，提高产量；如作为景观树种，可适当修剪和控制树形。

　　在广东高速公路和国道等两旁分布较广，可与木荷、马尾松等混交，亦可作为多彩森林建设的首选树种之一。

参考文献

邓成业,黄德积,郭立业,等,2017.连山县千年桐栽培标准化示范区实施成效研究[J].现代农业科技,7:154-156.

何明霞,柏力微,高丽洪,等,2009.千年桐生物资源开发利用价值及其发展前景[J].思茅师范高等专科学校学报,25(6):1-4.

洪滔,何晨阳,黄贝佳,等,2021.不同林龄千年桐人工林的碳含量和碳储量及碳库分配格局[J].植物资源与环境学报,30(1):9-16.

蓝金宣,梁文汇,黄晓露,等,2021.千年桐嫁接愈合过程解剖结构与内源激素的变化[J].广西林业科学,50(2):144-149.

>>>

槭树科 Aceraceae

Acer tutcheri

4 ▶ 岭南槭

形态特征

　　落叶乔木，高可达 12m。叶纸质，常 3 裂，稀 5 裂；裂片常三角状卵形，边缘常具稀疏而紧贴的锐尖锯齿。花杂性，雄花与两性花同株，常生成仅长 6~7cm 的短圆锥花序，萼片 4，黄绿色，花瓣 4，淡黄白色，倒卵形。翅果嫩时淡红色，成熟时淡黄色；小坚果凸起，脉纹显著。花期 4 月，果期 9 月。

广东省分布

　　产乐昌、乳源、曲江、连州、连山、连南、英德、阳山、连平、从化、龙门、和平、深圳、肇庆、阳春、郁南、德庆、信宜、封开等地。

生态习性

　　多生长在海拔 300~1300m 的山坡或山谷疏林中。喜光，喜温，耐旱，对土壤肥力要求不高，在酸性土上生长良好。常与其他树种形成混交林，一般处于乔木下层，常见的伴生树种有阿丁枫 *Altingia chinensis*、多花山竹子 *Garcinia multiflora*、黄杞 *Engelhardia roxburghiana*、山乌桕 *Triadica cochinchinensis*、黄樟 *Camphora parthenoxylon* 等（黄锦荣 等，2016）。

应用价值

　　材质优良，可供制家具等用（刘济祥，2007）。树冠端庄秀美，枝叶青翠繁茂，在秋冬落叶之前叶色变为绯红，是理想的彩叶树种。果形独特，有极高的观赏价值，是营造景观林带、城市园林绿化、廊道绿化、庭院绿化等不可多得的观叶和赏果树种。

种植关键技术

　　多用于景观造林，根据景观需求，选取中部或中上部山坡，与枫香等树种混交造林，造林密度可为3m×3m。如用作城市园林或乡村绿化美化，选择土层较厚的区域种植，栽培后须结合景观需求，整形修枝，精细养护。

　　根据目的不同可营造纯林或混交林，混交方式可采取带状混交、行间混交、点状混交或不规则混交等，混交树种可采用木荷、红锥、火力楠、阴香、樟树等；亦可在残次林、疏林地或针叶林中进行补种、套种等。

参考文献

黄锦荣，钟奕灵，2016. 优良景观树种岭南槭及其栽培技术 [J]. 南方农机，47（8）：31-32.

刘济祥，李红怀，2007. 岭南槭育苗试验研究 [J]. 现代农业科技，20: 15,17.

冬青科 Aquifoliaceae

⑤ 铁冬青
Ilex rotunda

别名：救必应、万紫千红、红果冬青

形态特征

乔木，高可达 20m。叶片薄革质或纸质，卵形、倒卵形或椭圆形。聚伞花序或伞形状花序，单生于当年生枝的叶腋内。雌雄花皆白色。浆果状核果近球形或稀椭圆形，成熟时红色。花期 4 月，果期 8~12 月。

广东省分布

全省各地均有分布或栽培。

生态习性

耐阴、耐贫瘠、耐旱、耐霜冻，生于海拔 400~1100m 的山下疏林或沟、溪边，病虫害相对较少，是一种适应范围较广的树种。在温暖湿润气候中生长良好，喜疏松肥沃、排水良好的酸性土壤，能适应 -6~-5 ℃ 的生长环境（骆必刚 等，2019；文才臻 等，2021）。主要伴生树种有漓槁树、假苹婆、海南蒲桃、木荷等（罗建华 等，2017）。

应用价值

叶深绿色，枝条紫色，果实鲜红色，是具有药用与园林观赏兼用的理想树种；叶和树皮入药，凉血散血，有清热利湿、消炎解毒、消肿镇痛之功效。叶片革质，不易燃烧，故亦可成防火隔离带树种（罗建华 等，2017；赖建斌 等，2020）。

种植关键技术

一般将造林地选在丘陵地带，黄壤、红壤或砂壤更适合铁冬青生长。

栽植株行距为 2m×3m 或 3m×3m，每亩山地种植 74~111 株。穴状整地，植穴规格为 40cm×40cm×30cm，每个植穴可以铺上 2.5~5.0kg 腐熟的有机肥料，也可以将 0.2~0.3kg 复合肥与 0.5kg 过磷酸钙和回填土进行充分搅拌作为基肥。

山地造林 3 年内，应在每年 4 月和 8 月进行抚育管理，对铁冬青林区实施除草、松土、扩穴、追肥等管理（骆必刚 等，2019）。

喜光树种，但幼年时喜稍庇荫，通过套种补植，给予幼苗适当的庇荫，可以促进树种高生长，可与米老排、火力楠、木荷等树种进行套种（彭寿强 等，2017）。

参考文献

赖建斌，宋迎旭，刘良源，2020. 铁冬青及其生态应用——以湖南桃江辉增天禄为例 [J]. 现代园艺，43（23）：83-84.

罗建华，陈贰，李孟，等，2017. 铁冬青物候观测 [J]. 福建林业科技，44（2）：82-85.

骆必刚，曾雄雄，缪建华，等，2019. 铁冬青育苗及造林技术 [J]. 乡村科技，9：77-78.

彭寿强，卢广超，练启岳，等，2017. 粤西东山森林公园主要造林树种选择与经营模式 [J]. 林业与环境科学，33（1）：34-39.

文才臻，林石狮，叶自慧，2021. 乡土引鸟植物铁冬青在华南地区的生态景观营造初探 [J]. 广东园林，43（1）：27-30.

郑海水，翁启杰，杨曾奖，等，1999. 乡土阔叶树种生长比较 [J]. 广东林业科技，15（4）：22-26.

安息香科 Styracaceae
6 ▶ 赤杨叶
Alniphyllum fortunei

别名：拟赤杨、冬瓜木、水冬瓜、高山望、白花盏

形态特征

乔木，高达 25m。叶椭圆形、宽椭圆形，边缘具锯齿，两面被毛，有时脱落变为无毛，下面褐色或灰白色。总状花序或圆锥花序，顶生或腋生，花白色或粉红色，花冠裂片长椭圆形，雄蕊 10 枚，其中 5 枚较花冠稍长。果实长圆形或长椭圆形，成熟时 5 瓣开裂；种子多数，两端有翅。花期 4~7 月，果期 8~10 月。

广东省分布

中部、北部和东部山地常见，生于海拔 600~1000m 林中。

生态习性

亚热带落叶阔叶林中常见树种之一，主要见于东部中亚热带红壤和黄壤山地，海拔 1300m 以下的山谷两侧山坡中、下部，所在地环境比较湿润，土壤肥力也较高。喜光，深根性，喜生于湿润肥沃、土层深厚、排水良好的酸性黄红壤。生长十分迅速，萌芽力强，适应性强，树干端直，干形通直，尖削度小，材质疏松，软而轻（田有圳，2009）。

应用价值

木材纹理通直，结构致密，材质轻软，易于加工，旋刨性能较佳，干燥微裂，不变形，不耐腐，为我国南方优良速生用材树种，适作火柴工业、雕刻图章、轻巧的上等家具及各种板料、模型等用材。

种植关键技术

苗木主根不明显，侧须根多，适合裸根苗造林。造林时间宜选择在冬季或春季的阴天或雨后，纯林造林密度为 89~110 株 / 亩，混交林造林密度为 72~89 株 / 亩，植穴规格为

60cm×60cm×50cm，或 50cm×40cm×30cm 等，可营造纯林、混交林，或以天然更新方式形成混交林等（姚丰平 等，2022）。

可与同科的陀螺果 *Melliodendron xylocarpum* 混合种植，营造独具特色的"白花"景观，二者开花均有香气，也可搭配营造芳香植物专类园。落叶丰富，且枯落物极易分解，在华南地区可以用于杉木纯林改造，对于地力改造有积极作用，可以作为杉木林多代连栽后的替代树种（赖根伟，2019）。

参考文献

赖根伟，吴初平，邱伟清，等，2019.湖山林场赤杨叶人工林的径级结构和空间分布格局研究 [J]. 浙江林业科技，39（1）：16−20.

田有珣，2009.天然混交林中拟赤杨的生长规律 [J]. 北华大学学报，10（1）：76−79.

姚丰平，程亚平，余久华，等，2022. 拟赤杨研究现状和铅笔材工业原料林培育展望 [J]. 浙江林业科技，42（6）：120−128.

> > >

⑦ ▶ 中华杜英

Elaeocarpus chinensis

别名：华杜英、桃榲、羊屎乌

形态特征

常绿小乔木，高 7~12m。叶薄革质，卵状披针形或披针形，先端渐尖，基部圆形，稀为阔楔形，边缘有波状小钝齿。总状花序生于无叶的去年生枝条上，花两性或单性。花瓣 5 片，长圆形，不分裂。核果椭圆形。花期 5~6 月，果期 10~11 月。

广东省分布

产乐昌、乳源、连南、阳山、英德、新丰、连平、龙门、蕉岭、饶平、博罗、增城、广州、深圳、高要、德庆、信宜、封开、阳江等地。

生态习性

生于海拔 350~850m 的常绿林。喜温暖湿润环境，稍耐阴，具有较强的抗二氧化硫能力，病虫危害少。根系发达，树干坚实挺直，抗风力强。在排水良好的酸性黄壤土中生长迅速，被砍伐后，伐根萌芽更生能力极强（罗洪生 等，2014；程辉，2015）。

应用价值

树形通直整齐，枝叶茂密紧凑，呈圆锥状，秋冬至早春叶转为绯红色。整株树形态优美，疏密有致，立体感强，是优良的行道树，可供庭院添景、孤植观赏。亦可作为风景林或生态、防护造林速生树。树皮和果皮含鞣质，可提制栲胶。木材可培养白木耳（罗洪生 等，2014）。

种植关键技术

造林地应选择土层深厚、排水良好的林地。坡度较大的山坡地采用条垦挖穴，缓坡地可进行全垦整地。1 年生苗造林挖穴规格 40cm×40cm×30cm，株行距 2m×2m 或 2m×3m。在 2~3 月选择阴雨天气，随起苗随栽提高造林成活率（罗洪生 等，2014）。一般在栽植头年松土除草 1~2 次，以后两三年每年松土结合除草，有条件的地方还可进行林木施肥，以加速林木生长，精细管理直至幼林郁闭。幼林郁闭后为给幼林创造良好的生长环境，应及时进行抚育间伐，第一次间伐在 10 年左右进行，间隔期视林分生长情况而定（罗洪生 等，2014）。

可以采取错位块状方式与马尾松间作，提高林分生态功能（罗洪生 等，2014），也可作为针叶林改造的目标树种，套种于马尾松、湿地松等林中。

参考文献

程辉，2015. 马尾松林错位块状间伐套种中华杜英经营效果研究 [J]. 现代农业科技，17: 187-188+197.
罗洪生，范晓峰，曾传圣，等，2014. 一种值得推荐的园林树种——中华杜英 [J]. 现代园艺，23: 28-29.
罗洪生，2015. 中华杜英 [J]. 花卉，2: 11-12.

> > >
杜英科 Elaeocarpaceae
Elaeocarpus sylvestris

⑧ ▶ 山杜英

别名：羊屎树、羊仔树

形态特征

小乔木，高约 10m。叶纸质，倒卵形或倒披针形，先端钝，或略尖，基部窄楔形，边缘有钝锯齿或波状钝齿。总状花序生于枝顶叶腋内，花序轴纤细，萼片 5 片，披针形，花瓣倒卵形，上半部撕裂，雄蕊 13~15 枚。核果细小，椭圆形。花期 4~5 月，果期 8~10 月。

广东省分布

标本采集记录分布于全省各地，常见，栽培亦较多。

生态习性

生于热带、亚热带地区海拔 1000m 以下的山地阔叶林中，常与木荷、锥属和石栎属植物混生。适生于湿润而土层深厚的山谷密林环境；土壤主要是在花岗岩上发育形成的砖红壤性黄壤或黄红壤，土层深厚，表面含丰富的腐殖质。较耐阴，常为密林中层树。树冠浓密而狭小，自然结实不良，天然落地种子繁殖力强（王英生 等，2006；温晋强 等，2012）。

应用价值

我国南方主要景观和生态公益林树种，也是营造生物防火林带的良好乡土阔叶树种之一（林婉奇 等，2019）。

种植关键技术

造林适应性广，种植较多，成活率高。造林前先清理林地，植穴垦整地，植穴规格为 50cm×40cm×40cm，施基肥。造林密度根据立地条件、经营目的而定，如营造用材林，立地条件好的，株行距可采用 2m×2m 或 2.0m×2.5m；如营造生态林，与木荷、樟树、枫香、红锥等阔叶树进行混交造林的，株行距可用 3m×3m，造林效果较好。

　　造林选择春季阴天或雨后进行，可用裸根苗或营养袋苗造林，如采用裸根苗造林，在种植前用黄泥水浆根，如采用袋苗造林，在种植前应剥去营养袋。栽植时深度适当比原苗根深2~3cm，扶正、压实，回土高于穴面10cm。

　　栽植后抚育5次，在种植第一、二年各抚育2次，第三年抚育1次即可，每年第一次抚育在4~5月，第二次抚育在8~9月较为适宜。追肥在栽植后第二、三年的6~7月进行，以促进苗木的迅速生长（王英生 等，2006）。

　　生长较为迅速，可作为马尾松林、杉木林林分优化提升目标树种，也可与木荷、樟树、枫香、红锥等阔叶树进行混交造林。

参考文献

陈振泉，2021. 高价值杉木林套种山杜英生长效果研究 [J]. 新农业，22:10-12.

林婉奇，邹晓君，佘汉基，等，2019. 山杜英人工林土壤有机碳和营养元素的垂直分布格局 [J]. 东北林业大学学报，47（12）：55-59.

王英生，班志明，2006. 山杜英育苗及造林技术 [J]. 广东林业科技，22（1）：100-100+103.

温晋强，温伟中，2012. 山杜英的形态特征及栽培技术 [J]. 现代农业科技，20: 169-170.

>>>
豆科 Fabaceae

9 ► **无忧树**

Saraca dives

别名：无忧花、中国无忧树、裂裳树、火焰花

形态特征

  乔木，高达 20m，胸径达 25cm。羽状复叶有小叶 5~6 对，嫩叶略带紫红色，下垂，小叶长椭圆形、卵状披针形或长倒卵形，先端渐尖、急尖或钝，基部楔形。花橙黄色，两性或单性，花萼管长 1.5~3cm，裂片 4（5~6），长圆形，具缘毛，雄蕊 8~10，常 1~2 退化；子房卷曲。种子形状不一，扁平，两面中央凹槽。花期 4~5 月，果期 7~10 月。

广东省分布

  全省各地均有栽培。

生态习性

  通常生于海拔 200~1000m 的密林或疏林中，常见于河流或溪谷两旁。喜高温湿润气候，喜生于富含有机质、肥沃、排水良好的壤土，属偏喜光树种，幼苗需庇荫，大树喜充足阳光（庄雪影，2007）。对水肥条件要求稍高，在干旱瘠瘦土壤上生长不良，能耐轻霜及短期 0℃ 左右低温（温小莹 等，2005）。

应用价值

  佛教中的圣花，树干高大，花多而密，花色橙黄或绯红，开花时如团团火焰，花期长，宜作南方街道、庭院、公园的绿化树种（朱海波，2009）。

种植关键技术

  种植前在每个种植穴放置基肥，并回填土壤，放入适量石灰搅拌中和土壤酸性。

  种植后前 2 年的养护中，主要使用有机肥作为追肥，放置于树头，每年各 1 次，每年胸径可增加 1~2cm（罗伟聪，2016）。

主要作为景观树种，在城乡绿化和道路绿化等方面使用，可与火焰木 *Spathodea campanulata*、海南红豆 *Ormosia pinnata* 等树种搭配种植。

参考文献

罗伟聪，2016. 中国无忧花历史文化特性及在华南地区的种植养 [J]. 中国园艺文摘，32（6）：164–166.

温小莹，陈建新，吴泽鹏，等，2005. 中国无忧花在广州地区的生长及其育苗技术 [J]. 广东林业科技，21（4）：58–60.

朱海波，2009. 中国无忧花育苗栽培技术 [J]. 现代农业科技，19: 222–223.

庄雪影，2007. 园林树木学 [M]. 广州：华南理工大学出版社.

豆科 Mimosaceae
Ormosia pinnata

⑩ 海南红豆

别名：食虫树、鸭公青、羽叶红豆、大萼红豆

形态特征

常绿乔木，高可达 15m。树皮灰色或灰黑色。幼枝被淡褐色短柔毛，渐变无毛。奇数羽状复叶，小叶 3~4 对，薄革质，披针形，先端钝或渐尖，两面均无毛。圆锥花序顶生，花萼钟状，比花梗长，被柔毛，萼齿阔三角形；花冠粉红色而带黄白色。荚果；种子 1~4 粒，种皮红色。花期 7~8 月，果期 11~12 月。

广东省分布

广州、肇庆、阳江、徐闻等地，野生或栽培。

生态习性

喜温暖湿润、光照充足的环境，生于中海拔及低海拔的山谷、山坡、路旁森林中，常与翻白叶树 *Pterospermum heterophyllum* 等乔木混生。在海南岛西南丘陵台地区一般都生长良好（梁文彪 等，2007）。抗逆性很强，具有较强的抗风性能，适生气温范围广，其最适气温为 21~30℃，遇到 -2℃ 的低温，会停止生长，但不见冻害。在原生地，主要分布在酸性褐色砖红壤土，在干旱贫瘠石砾地或冲刷严重的山脊或荒坡上也能正常生长，但在土壤深厚、肥沃、水源条件较好的土壤生长较好（赵平 等，2000；古锦汉 等，2006；粟娟 等，1995）。

应用价值

园林绿化的理想树种（王德桢，1985），也是华南丘陵荒坡及矿山植被恢复中常被选用的先锋树种之一（古锦汉 等，2006；赵平 等，2000）。

种植关键技术

冠形大，喜光，造林密度应加大。荒山造林可以按 3m ×3m 或 3m×4m 进行定植，荒山

80

造林一般用8个月、高50cm以上的营养袋苗，成活率可达85%~95%。造林时，苗应随起随栽，避免过度失水。广东地区春雨季节造林较好，植穴规格为40cm×40cm或50cm×30cm为宜（王德桢，1985）。

　　生长迅速，抗逆性强，可作为丘陵荒坡及矿山植被恢复的先锋树种，亦可与翻白叶、海南蒲桃等树种混种，形成混交林；也可根据景观需求，在珠三角地区用作行道树、园景树等。

参考文献

古锦汉，冯光钦，梁亦肖，等，2006. 海南红豆等五种阔叶树种在矿山迹地生长情况比较 [J]. 林业建设，2: 15–17.

粟娟，孙冰，王德桢，1995. 海南红豆的生物学特性和观赏价值 [J]. 林业科学研究，8（6）: 677–681.

王德桢，1985. 城镇绿化理想的树种——海南红豆 [J]. 广东园林，3: 44–46+43.

赵平，曾小平，彭少麟，等，2000. 海南红豆（*Ormosia pinnata*）夏季叶片气体交换、气孔导度和水分利用效率的日变化 [J]. 热带亚热带植物学报，8（1）: 35–42.

> > > 五桠果科 Dilleniaceae
Dillenia turbinata

⑪ ▶ 大花第伦桃

别名：大花五桠果

形态特征

　　常绿乔木。嫩枝粗壮，有褐色茸毛；老枝秃净，干后暗褐色。叶革质，倒卵形或长倒卵形，长 12~30cm，宽 7~14cm，先端圆形或钝，基部楔形；叶边缘有锯齿，叶柄有窄翅，被褐色柔毛，基部稍膨大。总状花序生枝顶；花大，有香气；花瓣薄，黄色，有时黄白色或浅红色，倒卵形。果实近于圆球形，不开裂；种皮暗红色。花期 4~5 月，果期 6~8 月。

广东省分布

　　中部和南部有栽培。

生态习性

　　热带常绿季雨林和山地雨林树种，喜温暖湿润环境，喜光且耐半阴，适生于土层深厚肥沃、排水良好的砂质壤土或冲积土，常见于河岸阶地与沟旁阴湿环境（周铁峰，2001）。

应用价值

　　叶大浓密，树形美观，花果延续枝端，鲜艳夺目，为观花赏果的优良树种，宜作行道树或于庭园孤植、对植或丛植造景。果实多汁微甜可食，也可制果酱；果和叶亦可药用，是岭南特色经济树种（陈定如 等，2010；苏凤秀，2019）。

种植关键技术

　　造林地应选择土壤疏松、湿润、肥沃的河岸，沟旁阴湿环境或坡度比较平缓土层深厚的立地。高山、陡坡及土壤干旱瘠薄的立地不适宜造林（周铁峰，2001）。

　　一般采用 1~2 年生苗造林，幼年生长缓慢，生产上常采用 2 年生苗进行造林。株行距一般为 2.5m×2m，穴状整地，植穴规格为 40cm×40cm×40cm，起苗时适当修剪枝叶，保持苗身端正和深栽压实。作为行道绿化或观赏树种栽培时，一般采用 2~3m 高的大苗，植穴规格为 60cm×60cm×50cm，4~5m 高的大苗挖穴为 100cm×100cm×80cm，株距 4~5m，起苗一定要挖好土球，并用草绳或麻袋等进行包装，以免运输受损，降低成活率。

　　造林后当年雨季末期除草松土 1 次，随后的 2~4 年内每年要砍杂、除草、松土 2 次，立地条件较差的则要追肥。

　　早期生长相对缓慢，可与杉木等速生树种混种，亦可与多花山竹子 *Garcinia multiflora*、红车等树种搭配种植，形成多彩的景观效果。

参考文献

陈定如，2010. 大花五桠果、秋枫、大叶合欢、南洋楹 [J]. 广东园林，32（2）：79-80.

苏凤秀，2019. 广东雷州西湖公园园林植物应用分析 [J]. 广东园林，41（5）：69-73.

周铁锋，2001. 中国热带主要经济树木栽培技术 [M]. 北京：中国林业出版社.

>>> 金缕梅科 Hamamelidaceae

12 ▶ 红花荷

Rhodoleia championii

别名：红苞木

形态特征

常绿乔木。嫩枝颇粗壮，无毛，暗褐色。叶厚革质，卵形，先端钝或略尖，基部阔楔形，三出脉，上面深绿色，发亮，下面灰白色，无毛。头状花序，常弯垂；总苞片卵圆形，大小不相等，最上部的较大，被褐色短柔毛；花瓣匙形，红色。头状果序，有蒴果 5 个；蒴果卵圆形，果皮薄木质，干后上半部 4 片裂；种子扁平，黄褐色。花期 3~4 月，果期 10~11 月。

广东省分布

产从化、龙门、博罗、新会、恩平、阳春、罗定、信宜及沿海岛屿。

生态习性

中性偏喜光树种，幼树耐阴，成年后较喜光，幼苗期生长缓慢，待到根系发达、苗高 1~2m 时进入快速生长期（吴钟亲 等，2018）。要求年均气温 19~22℃、绝对低温 -4.5℃、年降水量 1250~1750mm，生于花岗岩、砂页岩发育成的红壤与红黄壤、酸性至微酸性土。在土层深厚肥沃的坡地，可长成大径材（魏锦秋 等，2015）。

应用价值

生长快，材质、干形好，分枝密，树形美观，花期长，花量多，花大色红，颜色鲜艳美丽，是优良的生态公益林、风景林和园林绿化树种，可在园林绿化、风景林中推广种植（夏景青，2000；袁兆启 等，2003；李进 等，2004）。

种植关键技术

选择山体中坡或上坡区域种植。秋冬季整地、打穴，采用挖明穴回表土，植穴规格为 50cm×50cm×40cm，株行距 2.5m×3m，每穴施复合肥 0.15kg、过磷酸钙 0.2~0.25kg 作基肥。

选择春季雨后底土湿润时栽植，4月底前完成。种植时应拆除营养袋，带土球放入植穴，扶正压实。栽后须定期检查，发现死株及时补植。

连续抚育3年，每年抚育两次，第一次5~6月，第二次10~11月。抚育工作主要为除草、松土、施肥、培土。中耕除草后开5~10cm深环状沟，施肥后覆土，保证肥料不流失。造林当年第一次施复合肥0.1kg/株，以后每次施复合肥0.25kg/株（魏锦秋 等，2015）。

可选择海拔400~600m稀疏的杉木林地，在山坡中下部混种红花荷，营造针阔混交林；可与黄樟、火力楠、尖叶杜英 *Elaeocarpus rugosus*、枫香等树种混交造林，形成近似天然林的人工群落（何伟强 等，2010）。

参考文献

何伟强，班志明，班晓康，2010. 红花荷在广东的栽培技术 [J]. 中国林副特产，2: 77.

黎颖锋，黎少玮，龚益广，等，2017. 12个阔叶树种在广东云浮的生长表现 [J]. 林业与环境科学，33（6）：65-70.

李进，胡喻华，刘凯昌，2004. 红花荷天然林群落结构特征的研究 [J]. 生态环境，13（2）：225-226.

魏锦秋，丁文恩，罗万业，等，2015. 红花荷栽培技术及生态风景林应用 [J]. 绿色科技，1: 62-63.

吴钟亲，方发之，陈彧，等，2018. 红花荷在海南育苗技术初报 [J]. 林业科技通讯，1: 24-26.

夏景青，2003. 红花荷扦插育苗试验 [J]. 经济林研究，21（2）：48-49.

袁兆启，孔玉琴，赵会吉，2003. 红苞木引种试验 [J]. 广东林业科技，19（2）：35-37.

报春花科 Primulaceae
Myrsine seguinii

13▶ **密花树**

别名：大明橘、打铁树

形态特征

大灌木或小乔木，高 5~8m。小枝无毛。叶长圆状倒披针形或倒披针形，基部楔形。伞形花序或花簇生，有 3~10 花；萼片具缘毛，有时具腺点；花瓣白色或淡绿色，卵形或椭圆形。果球形或近卵形，果灰绿色或紫黑色。花期 4~5 月，果期 10~12 月。

广东省分布

产乐昌、乳源、始兴、连州、仁化、曲江、英德、阳山、翁源、新丰、从化、龙门、和平、平远、蕉岭、大埔、揭西、饶平、惠东、惠阳、博罗、广州、深圳、珠海、怀集、广宁、阳春、云浮、封开、信宜、化州、高州、雷州等地。

生态习性

热带和亚热带天然林较为常见的下层乔木树种，喜光，也耐阴，喜生于温暖湿润气候及酸性土（叶际库，2014）。

应用价值

叶形优美，花序密集、色彩丰富淡雅，有良好的园林绿化应用前景。树皮含有较高含量的鞣质，在医疗上用于止血、固脱、止泻、烧伤愈合，还能作为生物碱及重金属中毒的解毒剂，根和叶也具有较高的医用功能（姜琴 等，2014）。

种植关键技术

栽植时间以当年 12 月至翌年 3 月为宜，选择雨后或阴天。

根据景观需求，在城市园林或乡村绿化美化方面，选择土层较厚的区域种植，栽培后须结合景观需求，整形修枝，精细养护。

早期生长相对缓慢，可与生长较快的杉木、华润楠等树种混种。

参考文献

姜琴，叶际库，谷勤利，等，2014. 密花树种子的萌发特性研究 [J]. 种子科技，32（1）：38–40.

叶际库，姜琴，陈莲莲，等，2014. 密花树种播育及移植技术的研究 [J]. 种子科技，32（1）：35–36..

茜草科 Rubiaceae
Neolamarckia cadamba

（14）▶ **黄梁木**

别名：团花

形态特征

落叶大乔木，高可达 40m。树干通直，基部略有板状根。叶宽大、对生，薄革质，椭圆形或长圆状椭圆形，基部圆形或截形。头状花序单个顶生，花冠黄白色，漏斗状，无毛，花冠裂片披针形。果成熟时黄绿色；种子近三棱形，无翅。花果期 6~11 月。

广东省分布

产广州、肇庆等地。

生态习性

生长于山谷溪旁或杂木林下。喜光植物，性喜高温、湿润、向阳之地，适宜气温 22~30℃，日照 70%~100%。可耐短期 0℃低温，但忌长期低温霜冻。生性强健，成长快速，寿命长，耐热、耐旱。北回归线以北不宜种植。适生在砂页岩、花岗岩等发育的酸性土壤，石灰岩山区未见生长。

应用价值

热带亚洲罕见的速生型树种，10 年左右即可成材，衰退期晚（苏光荣 等，2007）。材质良好，在建筑上可用于门窗、天花板、室内装饰等，又是人造纤维、胶合板和浆粕等工业的理想原料。树形美观，可用于景观绿化。

种植关键技术

林地应选择在江河两岸，或新公路旁的松土，以及土层深厚、肥沃、湿润的山谷、凹地或缓山坡，酸性至中性的红壤等地块。四旁植树可用 1 年生大苗，山地造林用当年培育的小苗或容器苗，在 3~4 月定植。一般用全垦整地，挖大植穴定植。造林密度每亩种植 55~73 株。如与其他树种混交造林，可适当加大株行距。造林时除容器苗外，其他都应剪叶。种后 1~2 年，加强抚育管理。每公顷施含 N 为 46% 的氮肥 300kg 和含 P$_2$O$_5$ 为 48% 的磷肥 175kg，对黄梁木生长需求效果最好（Hoque et al., 2004）。

　　黄梁木造林初植密度小，造林初期在造林地上进行粮食作物的间种有利于提高土地利用率，增加农户的经济收入，改善土壤结构和土壤肥力（任盘宇 等，2004），在珠三角部分区域有将黄梁木与降香黄檀混交种植的尝试。

参考文献

广东省植物研究所引种驯化室, 1975. 黄梁木引种栽培初报 [J]. 广东林业科技，（1）: 14-17.

广西林业勘测设计队, 1974. 热带速生树种——黄梁木 [J]. 林业科技通讯，（9）: 9-24.

任盘宇，邹寿青，2004. 热带速生树种团花的造林技术 [J]. 林业实用技术，（6）: 6-8.

苏光荣，易国南，杨清，2007. 团花生长特性研究 [J]. 西北林学院学报，22（5）: 49-52.

HOQUE R, HOSSAIN M K, MOHIUDDIN M, et al., 2004. Effect of Inorganic Fertilizers on the Initial Growth Performance of *Anthocephalus chinensis*（Lam.）Rich. Ex. Walp. seedlings in the Nursery [J]. Journal of Applied Sciences, 4（3）: 477-485.

第三部分

特色树种

　　特色树种指在广东质量精准提升过程中，针对油茶林、特色商品林，以及珍贵木材树种生产等需求，筛选出的珍贵木材、特色水果、特色药材、重要油料树种，包括 10 种，隶属于 8 科 9 属。

　　在 10 种中，橄榄 *Canarium album* 和乌榄 *C. pimela* 是广东中部和南部地区传统种植的食用水果植物；八角 *Illicium verum* 是广东西部地区广泛种植的重要香料植物；南酸枣 *Choerospondias axillaris* 果实是酸枣糕最重要的原材料，木材材质亦较好；猴耳环 *Archidendron clypearia* 是近年来新开发种植的中药材，嫩枝和叶片可作为抗病毒中成药的原材料；油茶 *Camellia oleifera* 是南方种植面积最大的木本食用油料植物；黑木相思 *Acacia melanoxylon* 是近年来培育推广的成熟的珍贵用材树种，木质坚硬，适应性强，生长迅速。

>>> 漆树科 Anacardiaceae

①▶ 南酸枣

Choerospondias axillaris

别名：醋酸果、鼻涕果、酸枣、五眼果

形态特征

　　落叶乔木，高可达 25m。树皮片状剥落。小枝粗壮，具皮孔。奇数羽状复叶长 25~40cm，有小叶 3~6 对；小叶卵形或卵状披针形或卵状长圆形，全缘或幼株叶边缘具粗锯齿。雄花序长 4~10cm，被微柔毛或近无毛；雄花无不育雌蕊；雌花单生于上部叶腋，较大。核果椭圆形或倒卵状椭圆形，成熟时黄色。花期 4 月，果期 8~10 月。

广东省分布

　　全省各地均有分布或栽培。

生态习性

　　生于海拔 300~2000m 的山坡、丘陵或沟谷林中。喜光，稍耐阴，喜土层深厚、排水良好的酸性及中性土壤，不耐水淹和盐碱，适应性强，具有良好的抗雨雪冰冻能力。对热量的要求范围较广，从热带至中亚热带均能生长，能耐轻霜（谭子幼 等，2022）。浅根性，萌芽力强，生长迅速，树龄可达 300 年以上。

应用价值

　　林果兼用的优良速生树种。树体高大通直、枝叶茂盛、外形美观，具有生长快，适应性强等特点，在材用、食用、药用等方面都有很高的经济价值（童琪 等，2019）。抗污染能力强，是城市、矿区废弃地抗污染生态修复的优良乡土树种（谭子幼 等，2022）。

种植关键技术

　　广东地区宜选择海拔 300~800m，坡度 40°以下的南坡中下部、山脚、山谷、土壤肥厚或较肥厚的宜林地栽培。

　　林地清理完成后，采用穴垦整地方式，一般应在前一年的 10~12 月前完成整地，规格为 50cm×50cm×40cm。人工林造林初期应适当密植，株行距 2m×2m 至 2m×3m。培育大径材，造林初植密度可为 72~89 株／亩（姚利民，2013）。

　　栽植时间在 2~3 月为宜，最迟不能超过 3 月中旬。一般选用 1~2 年生、苗高 60cm 以上、地径 1cm 以上的苗木。

　　作为速生用材林栽培，可采用纯林、大块状混交、多行混交等造林模式；营造混交林时可选择的树种有枫香、木荷、山杜英、中华楠等阔叶树种（徐梁 等，2023）。

参考文献

刘立玲，朱宁华，2020. 湘西喀斯特地区人工林树种的生长规律及生产力 [J]. 江苏农业科学，48（18）：165-170.

谭子幼，邓红林，2022. 乡土树种南酸枣栽培技术 [J]. 林业与生态，2: 34-35.

童琪，陈玫婷，龙菁琦，等，2019. 不同龄组南酸枣根际与非根际土壤养分特征研究 [J]. 中南林业科技大学学报，39（12）：108-113.

徐梁，何贵平，2023. 落叶阔叶树种的生态栽培技术（六）[J]. 浙江林业，4: 26-27.

姚利民，2013. 乡土树种南酸枣的栽培及综合利用 [J]. 现代园艺，7: 34-36.

豆科 Fabaceae
Archidendron clypearia

② ▶ **猴耳环**

别名：鸡心树、围诞树

形态特征

乔木，高可达 12m。小枝有明显的棱角，密被黄褐色茸毛。托叶早落；二回羽状复叶，总叶柄具四棱，密被黄褐色柔毛，叶轴上有腺体；小叶革质，斜菱形，两面稍被褐色短柔毛，基部极不等侧，近无柄。花具短梗，数朵聚成小头状花序，再排成顶生和腋生的圆锥花序。荚果旋卷；种子 4~10 颗，椭圆形或阔椭圆形，黑色。花期 2~6 月，果期 4~8 月。

广东省分布

产乐昌、英德、连山、阳山、清远、新丰、博罗、龙门、和平、连平、兴宁、五华、蕉岭、丰顺、大埔、饶平、广州、南海、新会、阳春、阳西、电白、高州、信宜、封开、德庆、罗定、徐闻等地。

生态习性

喜光树种，喜阳光充足和气候温润的生长环境。不耐寒，光照不足或通风不好的环境，易生介壳虫。海拔 150~1800m 均有分布，通常是沿着沟谷溪河边缘随机散布生长，靠近水系的荒山坡原始山野丛林中或林缘灌丛中、山谷疏林、密林或山坡平坦处以及路旁均有生长。现多生长在南亚热带次生阔叶林中或林缘，乔木层的第 1 或第 2 亚层。幼苗既喜光，又可以在较阴的林下生长（李梅 等，2018）；成年植株喜热带及亚热带气候，耐贫瘠，适应酸性土壤，根部有根瘤菌共生（李浩 等，2012）。适生于土层深厚的山坡中下部，适应性强，耐干旱（徐英宝 等，2005）。

应用价值

我国南方重要的中药材树种，以嫩枝和叶子为原材料制成的中成药单方制剂猴耳环消炎片（胶囊、颗粒）已在临床上推广使用，主治上呼吸道感染及各类急性炎症和细菌性痢疾等。

木材亦可供箱板、室内装修、家具、造纸原料、薪炭等用材，段木可用来培养食用菌。幼苗、嫩叶和嫩枝有开发成饲料的潜力（李梅 等，2018）。

种植关键技术

　　幼芽出土后 30 天左右可移苗上袋，移时将主根剪去 1/4，促进侧根发展，苗高 30cm 以上可出圃定植。对光照适应性较强，在疏残林、林缘或密茂林中，均生长良好。栽植时间 3~4 月雨季为宜，可选择城郊桉树或松类的疏残林，在土层深厚的山坡中下部，片植或混植，株行距 2m×3m 或 3m×3m。造林后 3 年要注意除草松土，每株可施复合肥 50g，以促进幼林生长（徐英宝 等，2005；黄烈健，2014）。

　　早期生长迅速，药用林可纯林造林，采收枝叶，亦可营造混交林，伴生树种可选木荷、阴香、南酸枣等，形成混交林。

参考文献

黄烈健，2014. 猴耳环育苗技术 [J]. 林业实用技术，4: 38-39.

李浩，黄世能，王卫文，等，2012. 不同遮阳处理对猴耳环苗期生长的影响 [J]. 中南林业科技大学学报，32（10）：147-150+197.

李梅，黄世能，陈祖旭，等，2018. 药用乔木树种猴耳环研究现状及开发利用前景 [J]. 林业科学，54（4）：142-154.

徐英宝，郑永光，2005. 广东省城市林业优良树种及栽培技术 [M]. 广州：广东科技出版社.

>>> 橄榄科 Burseraceae

Canarium album

③ ▶ 橄榄

别名：白榄、青子、谏果、忠果

形态特征

　　乔木，高 10~25m，胸径可达 150cm。树皮光滑。奇数羽状复叶，小叶 3~6 对，纸质至革质，披针形或椭圆形，无毛或在背面叶脉上散生刚毛，基部楔形至圆形，偏斜，全缘。雄花序为聚伞圆锥花序，多花；雌花序为总状。果序具 1~6 果；果卵圆形至纺锤形，成熟时黄绿色。花期 4~5 月，果期 10~12 月。

广东省分布

　　全省各地均有栽培，尤其以广东东部地区栽培较多，梅州市丰顺县留隍镇等区域是主要种植和生产区。

生态习性

　　喜温暖，生长期需适当高温才能结果良好，年均气温在 20℃ 以上、冬季无严霜冻害地区最适合其生长，冬季气温下降到 -4℃ 以下时会发生严重冻害。在降水量 1200~1400mm 的地区可正常生长。

应用价值

　　南方佳果之一，营养丰富。橄榄味甘酸，性平，入脾、胃、肺经，有清热解毒、利咽化痰、生津止渴、除烦醒酒之功效，可治咽喉肿痛、烦渴、咳嗽痰血等症，《本草纲目》言其"生津液、止烦渴，治咽喉痛，咀嚼咽汁，能解一切鱼蟹毒"（献国文，2013）。亦是很好的防风树种及行道树，木材可造船，也可作枕木，家具、农具及建筑用材等。核供雕刻；种仁可食，亦可榨油用于制肥皂或作润滑油（王志刚，2017）。

种植关键技术

广东除北部和个别地区外，其余大部分地区生态条件都适宜种植橄榄（肖维强 等，2019）。栽植前将山坡改成梯田，以防止水土流失。全面整地、挖穴，初植密度为 5m×6m，穴底回填表层熟土，施基肥。在袋苗移栽过程中在幼苗周围保持原土壤，并保持携带更多的土壤，移栽苗木过程中避免强烈阳光照射，栽植时间选择阴雨天气或者傍晚进行。在幼苗移栽后，保持移植环境的潮湿度和适度浇水。在栽植株行距基础上，顺流水方向进行植沟挖掘，防止土壤积水（李飞 等，2022）。

在幼树期间作豌豆 *Pisum sativum*、草木樨 *Melilotus suaveolens* 等豆科牧草类作绿肥，利于以地养肥、以肥促产量，绿肥作物在生长期可进行多次刈割压青或覆盖树盘。

参考文献

李飞，李金亮，2022. 浅谈油橄榄的栽培管理技术 [J]. 内蒙古林业调查设计，45（1）：32-34.

王志刚，纪殿荣，吴京民，2017. 中国经济树木 [M]. 哈尔滨：东北林业大学出版社.

献国文，2013. 清热利咽话橄榄 [J]. 保健与生活，3（35）：1005-5371.

肖维强，匡石滋，赖多，等，2019. 广东橄榄产业发展优势、问题与对策 [J]. 广东农业科学，46（12）：139-146.

橄榄科 Burseraceae

4 ▶ 乌榄

Canarium pimela

别名：黑榄、木威子

形态特征

乔木，高达 20m。树皮光滑，分枝斜展。奇数羽状复叶，小叶 4~6 对，纸质至革质，无毛，全缘。花序腋生，为疏散的聚伞圆锥花序，无毛；雄花序多花，雌花序少花。果序具长柄，果成熟时紫黑色，狭卵圆形。花期 4~5 月，果期 5~11 月。

广东省分布

产从化、陆丰、博罗、增城、广州、深圳、肇庆、阳春、罗定、高州、信宜、廉江等地，在梅州丰顺、潮州等地也有广泛栽培。

生态习性

典型的亚热带果树，性喜高温，怕霜冻。年均气温 22℃左右、1 月平均气温 13℃、绝对最低气温不低于 -2.5℃、年无霜期 340 天左右的地区均适宜栽培（梁关生 等，2020）。

应用价值

树姿美观、常绿、粗生易管，是优良的绿化树种。木材灰黄褐色，材质颇坚实。果可生食，果肉腌制"榄角"（或称"榄豉"）作菜，榄仁为饼食及肴菜配料佳品（张坤泉 等，2008）。叶具清热解毒、消肿止痛之功效；根药用，舒筋活络，祛风去湿。种子油供食用、制肥皂或作其他工业用油。

种植关键技术

对土壤的要求不太严格，红壤、黄壤、河滩冲积土、砂质壤土、石砾土以及轻黏壤土等都可种植，但最好选择土层深厚、疏松、湿润、排水良好的微酸性土壤（李新潮，2008）。

选择地势开阔、光照充足的丘陵地、山地，以土层深厚、土质疏松、通气性好、保水保肥性好、有机质较丰富的砂壤土、红壤土、黄壤土为宜。平地种植的株行距在 8m×6m，每亩种植 13~14 株；山坡地及土壤贫瘠的园地，株行距宜 8m×6m，每亩种植 16~18 株。植穴规格 0.8m×0.8m×0.6m，每个种植穴施基肥。种植时间在立春至春分前后下透雨后进行，挖开回填的种植穴，将苗木营养袋割开，轻轻取出果苗放置于种植穴中央，舒展侧根，将细土分层填于根部间隙，逐层轻压实，根颈部位稍高于土面，淋足定根水，树盘覆盖干草，绑扎竹竿固定树苗（佘丹青 等，2014）。

　　果园多种植为纯林，亦可作为行道树、园景树等，可与蒲桃 Syzygium jambos、苹婆等搭配种植。

参考文献

李新潮，2008. 乌榄栽培技术探讨 [J]. 广西园艺，19（4）：30-31.

梁关生，黄建昌，刘小冬，等，2020.'信恺乌榄'优良品种选育试验 [J]. 中国南方果树，49（5）：83-86.

佘丹青，王文静，吴和男，等，2014. 乌榄栽培技术 [J]. 中国园艺文摘，30（10）：182-184.

张坤泉，郭铭坚，肖茂瑕，等，2008. 浅谈乌榄药用的研究进展 [J]. 中国实用医药，3（20）：183-184.

>>>
五味子科 Schisandraceae

Illicium verum

5 ▶ **八角**

别名：八角茴香、五香八角、大料、八角大茴、八角香、大茴香

形态特征

乔木，高 10~15m。树冠塔形、椭圆形或圆锥形。树皮深灰色。枝密集。叶互生。花粉红色至深红色，单生叶腋或近顶生，花被片 7~12，雄蕊 11~20 枚。聚合果，蓇葖多为 8，呈八角形。正糙果花期 3~5 月，果期 9~10 月；春糙果花期 8~10 月，果期翌年 3~4 月。

广东省分布

西部地区种植较普遍，主要产区为高要、新兴、郁南、阳春、高州、信宜、封开等地。

生态习性

喜生于气候温暖、常年多雾阴湿的自然环境中，适生于土层深厚肥沃的山腰和山脚。在干燥瘠薄、当风地段和石灰岩发育的土壤上生长不良。在不同的生长发育阶段，对光照条件的要求也不同（钱正西，2016）。

应用价值

果实与种子是著名的食用调料，在日常调味中可直接使用，如炖、煮、腌、卤、泡等，也可直接加工成五香调味粉。果皮、种子、叶都含芳香油，八角茴香油（简称茴油）是制造化妆品、甜香酒、啤酒和食品工业的重要原料。茴油和八角油树脂则通常用于肉类制品、调味品、软饮料、冷饮、糖果以及糕点、烘烤食品等食品加工业领域。亦可药用，有祛风理气、和胃调中之功效，治中寒呕逆、腹部冷痛、胃部胀闷等症（曾辉，2008）。

种植关键技术

选择丘陵、低山的背风坡，富含有机质且排水良好的地块作为造林地。较为平坦的造林地进行全垦，坡地进行带状整地。

造林时，要提前挖好栽植穴，表土放置在穴边以便回填。选择枝干粗壮、根系发达、无病虫害的幼苗进行造林。起苗时要避免损伤幼苗根系；移栽的最佳天气是阴天或小雨天气，有利于幼苗成活。完成移栽工作后，要定期巡查，如发现病苗、弱苗和死苗，要及时处理（谢增强，2021）。

造林后的 1~3 年内，要做好修枝、整形和施肥等抚育管理，提高幼树长势和抗性（李远，2021）。

林内可间作黄豆 *Glycine max*、蚕豆 *Vicia faba* 等豆科作物，增加土壤有机质，翌年可种植豆类、玉米 *Zea mays*、瓜类等作物或其他不影响八角生长的农作物，直到八角林郁闭，以增加土壤熟化程度，同时有助于八角生长。

参考文献

李远，2021. 八角树丰产栽培及病虫害防治技术 [J]. 南方农业，15（14）：11-12.

钱正西，杨洪文，2006. 八角的形态特征及生态学特性 [J]. 农村实用技术，4: 30-31.

谢增强，2021. 浅谈八角的丰产栽培技术与管理 [J]. 广东蚕业，55（9）：97-98.

曾辉，李开祥，陆顺忠，2008. 广西八角综合开发利用 [J]. 广西林业科学，37（4）：223-225.

〉〉〉 山茶科 Theaceae
Camellia oleifera

6 ▶ **油茶**

别名：野油茶、山油茶、单籽油茶

形态特征

小乔木或灌木状。嫩枝有粗毛。叶革质，椭圆形、长圆形或倒卵形，边缘有细锯齿，叶柄有粗毛。花顶生，花瓣白色，子房有黄长毛，3~5 室，花柱先端 3 裂。蒴果球形或卵圆形，木质，中轴粗厚。花期 10 月至翌年 2 月，果期翌年 9~10 月。

广东省分布

全省各地均有种植。

生态习性

适应性强，但喜温暖、湿润气候，属强喜光常绿树种，深根性，根系的生长具有强烈的趋肥性。对土壤要求不严，红壤、赤红壤、黄壤，pH 值 4.5~6.5 之间的酸性、微酸性土壤均能正常生长发育（彭鹏新，2021），在石灰岩山地亦能生长良好。

应用价值

种子含油量高，茶油的不饱和脂肪酸含量远高于菜油、花生油和豆油，并含有山茶甙等，具有极高的营养价值，是非常好的高级食用油。茶籽粕中含有茶皂素、茶籽多糖、茶籽蛋白等，是化工、轻工、食品、饲料工业产品等的原料。茶壳还是一种良好的食用菌培养基。亦是优良的冬季蜜粉源植物，花期正值少花季节，蜜粉极其丰富。

种植关键技术

适应性强，对土壤要求不高，但要获得高产、稳产，需选择坡度低于 25° 土层深厚、肥沃疏松、富含有机质、排水良好的宜林荒山。壤质含有少量石砾、pH 值 5~6 的酸性红壤或黄壤土的南坡、东坡或东南坡为佳。

视不同情况采取全垦、带垦和穴垦等方式，植穴规格为长、宽、深各60cm方穴，表土与底层土分别堆放，晒土使其风化，种植前1个月内完成覆土工作。回填土时先把部分表土垫在穴底，然后每穴施基肥，上面再回填表土，将土肥拌匀后用心土覆盖，覆土要高出地面10~15cm，使之呈馒头形，待稍下沉后栽植（郑京津 等，2015）；种植采用品字形排列，适宜行距为2.5~3m，株距为2~3m，每亩为80~130株（苏莲花，2006）。

生产基地多为纯林种植，亦可与鹰嘴桃 *Prunus persica* 'Yingzui' 等果树搭配种植。

参考文献

邓三龙，陈永忠，2019. 中国油茶 [M]. 长沙：湖南科学技术出版社.

彭鹏新，2021. 油茶高产栽培技术要点 [J]. 农村科学实验，8: 53-54.

苏莲花，2006. 油茶育苗与栽培技术 [J]. 热带林业，34（4）：35-37.

郑京津，徐永杰，邓先珍，等，2015. 油茶种质资源利用及关键栽培技术研究进展 [J]. 天津农业科学，21（9）：140-144.

大戟科 Euphorbiaceae

⑦ 余甘子

Phyllanthus emblica

别名：油甘子、牛甘果、滇橄榄

形态特征

乔木。枝被黄褐色柔毛。叶排成两列，线状长圆形，先端平截或钝圆，有尖头或微凹，基部浅心形，下面淡绿色。腋生聚伞花序；雄花花丝合生成柱，雌花花盘杯状。核果球状，外果皮肉质，淡绿色或淡黄白色，内果皮壳质。花期 4~7 月，果期 7~9 月。

广东省分布

产清远、惠阳、陆丰、博罗、广州、深圳、中山、珠海、阳春、德庆、云浮、茂名、徐闻等地。

生态习性

常见的散生树种，适生在山地疏林、灌丛、荒地或山沟向阳处，向阳干旱山坡地。极喜光，耐干热瘠薄，萌芽力强，根系发达，可保持水土，作产区荒山荒地酸性土造林的先锋树种。

应用价值

《中国药典》收载物种，具有清热凉血、消食健胃、生津止咳之功效，是重要的果树和药食同源植物，主要含有黄酮类、酚酸类、萜类等化学成分，具有抗氧化、抗炎、降血糖等药理活性（管芹 等，2022），目前已被东鹏特饮等食品企业用作饮料成品的原材料之一。树姿优美，可作庭园风景树。

种植关键技术

宜选择低海拔、无霜害和风害、排水良好的红黄壤土地定植，也可套种在稀疏的老茶园中。挖深、宽各 0.7m 的穴，每穴施入有机肥 10~15kg、磷肥 0.5kg，与土拌匀。初种时株行距为 2m×3m，每亩种 110 株；待树冠相交接后疏伐 1 行，使株行距为 4m×3m，每亩种 56 株左右。定植宜在春季进行，种植时根系入土应舒展，并压实，浇透定根水（袁卫贤 等，2003）。

为获高产稳产，每年采果后可结合松土除草，每株宜施用 10~15kg 土杂肥、0.5~1kg 磷肥，对恢复树势和促进花芽分化很有好处。在着果后小果发育期施 1~2 次速效氮肥，能减少落果，促进果实膨大，提高产量（郑亚平，2001）。

以果实为主要经济性状的树种，主要种植为果园纯林，也可在茶园里进行套种。

参考文献

管芹, 冯丹萍, 段宝忠, 等, 2022. 余甘子化学成分、药理作用研究进展及质量标志物预测分析 [J]. 中草药, 53（15）:1-15.

袁卫贤, 熊志凡, 2003. 余甘子栽培技术 [J]. 农村实用技术, 5: 22-23.

郑亚平, 2001. 余甘子的栽培技术 [J]. 湖北林业科技, 3: 62.

冬青科 Aquifoliaceae
Ilex latifolia

8 ▶ 大叶冬青

别名：苦丁茶

形态特征

常绿乔木。叶长圆形或卵状长圆形，先端钝或短渐尖，基部圆形或宽楔形，疏生锯齿。花序簇生叶腋，圆锥状，花4基数，浅黄绿色，雄花序每分枝具3~9花，花萼裂片圆形，花瓣卵状长圆形，基部合生，雌花序每分枝具1~3花，花瓣卵形，子房卵圆形，柱头盘状。果球形，熟时红色，分核4，椭圆形。花期4月，果期9~10月。

广东省分布

产乐昌、阳山、英德、清远、大埔等地。

生态习性

喜温暖、湿润气候和半阴环境，盛夏烈日下易遭日灼。在深厚、肥沃的酸性至中性土壤中生长良好，主要生长在海拔900m以下的沟谷常绿阔叶林中（陈金祥，2014）。

应用价值

制作苦丁茶的重要植物资源，富含鞣质、维生素、蛋白质、无机盐、多种微量元素等有益成分，开水泡沏，翠绿清香，饮之先苦后甜，甜味绵长，有下火、除烦渴、降血脂和活血脉之功效。《本草纲目》记载，性味苦、涩、寒，有清热解毒、散风、活血止血之功效。树干通直，枝叶繁茂，树形优美，幼芽紫红色及新叶呈紫红色，果实成熟时由黄色转变为橘红色，挂果时间长，十分美观，可作为城镇街道绿化和室内盆栽观叶树种（胡庆栋 等，2009）。

种植关键技术

喜湿喜肥，宜选植于低山、中丘或山腹、山麓地带。土壤要求深厚、湿润、排灌良好且富含腐殖质的砂质壤土。最好靠近水源。

　　如用于生产苦丁茶，选择平地或缓坡，整地后按行距开通沟，深50cm，宽40cm，填入10cm表土，再放入青草等有机肥料，然后覆土10cm，每亩施塘泥、农家肥3000~4500kg；坡地及零星块地可按1m×1m的株行距挖穴，穴宽、深各50cm，先放表土10cm，再施土杂肥20~30cm。不论造林地坡度多大，都要求表土高出穴面10cm，每亩宜栽660株左右（邓修衍 等，2004）。

　　采用良种壮苗裸根栽植。苗高要求不小于70cm，根径不低于0.6cm，根系完整发达，现起现栽；栽植时浇足定根水，注意深浅适当、根系舒展、土壤与根系紧密结合；如遇晴天干旱，应适时浇水，并检查是否需要补植（周金明，2009）。

　　喜侧方荫蔽，可选用南酸枣 *Choerospondias axillaris*、光皮树 *Cornus wilsoniana* 等阔叶树进行异龄混交复合配置，形成落叶与常绿阔叶混交的稳定树种群落。

参考文献

陈金祥, 2014. 大叶冬青特征特性、用途及主要繁殖栽培技术 [J]. 上海农业科技, 3: 99.

邓修衍, 徐世, 2004. 大叶冬青栽培技术 [J]. 安徽农业, 8: 5.

胡庆栋, 周必勇, 2009. 大叶冬青利用价值及其播种育苗技术 [J]. 现代农业科技, 5: 2.

周金明, 2009. 大叶冬青栽培技术 [J]. 现代农业科技, 5: 58.

樟科 Lauraceae

9 ▶ 阴香
Cinnamomum burmanni

别名：小桂皮、香柴、香桂、山桂、野桂树、假桂树、野玉桂

形态特征

　　乔木，高达14m。树皮平滑。小枝绿色或绿褐色，无毛。叶卵形、长圆形或披针形，两面无毛，离基三出脉。聚伞花序，花被片长圆状卵形，两面密被灰白柔毛，能育雄蕊长2.5~2.7mm，花丝及花药背面被柔毛，退化雄蕊长约1mm，柄长约0.7mm，被柔毛。果卵圆形。花期10月至翌年2月，果期12月至翌年4月。

广东省分布

　　产乐昌、乳源、连州、连山、连南、南雄、始兴、仁化、英德、阳山、翁源、新丰、连平、和平、龙门、惠东、惠阳、博罗、广州、深圳、高要、新兴、德庆、郁南、封开、阳春、阳江、云浮、高州等地。

生态习性

　　喜光，喜温湿环境，但适应性广，在喀斯特石山亦能良好生长，多分布在土壤覆盖度较大、土层相对深厚的生境中，在一些区域成为乔木群落的建群种或优势种（甘肖梅，2010）。

应用价值

　　树姿优美整齐，枝叶终年常绿，有肉桂香味。皮、叶、根可用作药材，可提取芳香油。种子可榨油。适应性强，耐寒抗风和抗大气污染，可作庭院风景树、行道树，是多树种混交伴生的理想树种（周纪刚 等，2014）。

种植关键技术

　　造林地选择在山地、丘陵及平缓山坡地的中下部。土壤为砂壤质至中黏质、重壤质至轻壤质最佳。在栽植前两个月整好地，整地时可保留少量阔叶树。植穴规格为

50cm×40cm×40cm。造林前先回填一半表土，再施基肥；栽植宜于 3~4 月进行。种植前将苗木淋透水，种植时全部剥袋。种植深度以盖住营养土 5cm 左右为宜。苗木较高时，可适当深植。

造林当年 11 月进行抚育 1 次，以后每年的 6、11 月各抚育 1 次，直至林分郁闭。抚育方法主要是除草、松土、培土扩穴等（邓传岳，2017）。

可用作石灰岩山地造林，与麻楝 *Chukrasia tabularis*、朴树 *Celtis sinensis*、圆叶乌桕 *Triadica rotundifolia* 等搭配种植，效果较好。在城市园林绿化中，亦可用作行道绿化和公园绿化，可与白兰 *Michelia×alba*、凤凰木 *Delonix regia* 等高大乔木搭配种植。

参考文献

邓传岳，2017. 阴香栽培过程中的关键技术探讨 [J]. 花卉，6: 6-7.

甘肖梅，2010. 桂林岩溶石山阴香光合生理生态特性研究 [D]. 南宁：广西师范大学.

周纪刚，徐平，舒夏竺，等，2014. 阴香高效栽培技术 [J]. 林业实用技术，4: 58-59.

> > >
豆科 Fabaceae
Acacia melanoxylon

10 ▶ 黑木相思

形态特征

乔木，高可达 20~35m，胸径一般为 60cm，最大可达 1.5m。树皮粗糙、坚硬，呈深灰色或棕灰色，纵状开裂，鳞片纵状剥落。小枝具明显棱角。叶状柄尖圆，叶脉明显。总状花序短，生于叶腋，每个头状小花序 30~50 朵小花。果荚扁平，略扭曲；种子黑色，卵形、扁平，每果荚 6~8 粒种子。花期随其分布区变化大，果期在花期后约 1 个月。

广东省分布

原产澳大利亚，我国人工引进和培育，目前在全省各地均有示范种植，适应性强。

生态习性

强喜光树种，抗逆性和适应性均较强，能耐 -6℃的低温，耐旱、耐寒、耐贫瘠等。根系较浅，侧根发达，具有固氮根瘤，在酸性且土层深度为 30cm 以上的土壤中生长良好，并能长成大径材。对土壤肥力要求不高，可种植于沙壤、灰壤、褐土、矿渣土、森林灰壤等土壤中（杨植旺，2022）。

应用价值

材质好，心材气干密度高达 0.65~0.80 g/cm³，弦向收缩仅 1.5%。心材木纹美丽，呈棕色至黑棕色，间有红色条纹，是高档家具和优质贴面版的用材，也用于做小提琴等乐器的背板。我国进口的原木价格约为 3500 元 /m³，市场价格保持上涨趋势，经济利润高、市场风险小（何琴飞 等，2019）。宜林荒山地造林及污染山地造林的优良树种，也可作为桉树林改造的目标树种之一，3：2 比例套种黑木相思的伟巨桉林分蓄积量最优，达 244.87m³/hm²（周芳萍 等，2022）。

种植关键技术

对种植地要求不高，但立地条件较好的造林地，更有利于生长。通常选择阳光要充足，土层较为深厚，排水性能比较好，微酸性土壤地块较好，避免选择空气流通性差，过于温热地段作为造林地块，以防溃疡病等病害的发生。

种植密度主要考虑立地条件、经营方式和目标，一般选择的造林密度有株行距为 2m×3m（110 株 / 亩）、3m×3m（74 株 / 亩）、3m×4m（56 株 / 亩）等模式，一般是立地条件越好造林密度越小，如果考虑间伐作业就要选择较高的造林密度，如果要求培育大径材要选择较小的造林密度。

在定植前，给黑木相思浸泡防白蚁药剂。在下充足的雨后，种植坑土壤充分湿透，可以进行定植作业。

黑木相思可作为桉树林改造的目标珍贵树种，也可与枫香、无患子 *Sapindus saponaria* 等树种混交种植。

参考文献

何琴飞，曹艳云，彭玉华，等，2019. 不同相思树种单株抗寒性综合评价 [J]. 生态学杂志，38（5）：1339-1345.

黄猛，宁昭然，黄玉梅，等，2019. 黑木相思无性系开花物候及结实规律 [J]. 东北林业大学学报，47（7）：1-5.

刘德杰，2020. 黑木相思栽培技术小结 [J]. 花卉，12: 160-161.

周芳萍，徐建民，陆海飞，等，2022. 利用珍贵树种改造尾巨桉纯林的混交模式研究 [J]. 林业科学研究，35（1）：10-19.

杨植旺，2022. 黑木相思的特征特性及人工栽培技术 [J]. 现代农业科技，5: 95-96.

第四部分 ||||

沿海防护林树种

　　沿海防护林树种指在广东质量精准提升过程中，针对广东沿海海岸带和海岸山地林分现状，以及沿海防护林建设需要，筛选出的适应海边沙滩和山地环境生长的树种，包括6种，隶属于6科6属。

　　在6种中，台湾相思 *Acacia confusa* 在中山、珠海、惠州、汕尾、汕头等沿海地市的海边山地和海岛上均常见，是这些区域森林上层的建群树种；木麻黄 *Casuarina equisetifolia* 是沿海沙滩防风林种植使用最多的乔木树种；黄槿 *Hibiscus tiliaceus* 在海边园林绿地种植较多；银叶树 *Heritiera littoralis*、血桐 *Macaranga tanarius* var. *tomentosa* 的苗木培育较少；红厚壳 *Calophyllum inophyllum* 原产海南等地，可在湛江雷州半岛沿海区域种植。

1 木麻黄

Casuarina equisetifolia

别名：短枝木麻黄、驳骨树、马尾树

形态特征

常绿乔木，高可达 25m。枝红褐色，小枝灰绿色，纤细下垂，具节，有沟槽。叶退化为鳞片状，披针形或三角形，长 1~3cm，紧贴。球果状果序椭圆形，长 1.5~2.5cm，直径 1.2~1.5cm，幼嫩时外被灰绿色或黄褐色茸毛，成长时毛常脱落；小苞片阔卵形，顶端略钝尖，被短柔毛。小坚果连翅长 4~7cm，宽 2~3cm。花期 4~5 月，果期 7~10 月。

广东省分布

全省沿海各地广泛栽培。

生态习性

喜光、喜暖热，主根明显，须根多而密；耐干旱，也耐潮湿，在高温多雨季节生长最快。土壤质地最好是砂壤土、壤土、轻黏土（陈建东，2010），在碱性或中性的滨海潮积沙土生长最好，在离海岸较远的酸性红壤上也能生长，但在黏重板结的红壤上生长不良。

应用价值

木材坚重，但在南方易受虫蛀，有变形、开裂等缺点，经防腐防虫处理后，可作枕木、船底板及建筑用材。树干通直，苍劲挺拔，与松树盆景颇为相似。生命力极强，根系发达，耐干旱，抗风沙，耐盐碱，对防台风和海啸危害、海浪侵蚀，固沙，海岸带生态系统的恢复，贫瘠的沿海沙地和严重退化的土壤改良等均有重要作用，特别适于在沿海前缘砂质地带种植，是华南地区无可替代的树种（谢义坚，2020）。

种植关键技术

造林多种植于沿海沙地，作为沿海防风林。

种植地选定后，整地，沿海地区每年选择4月的阴雨天气，砂质土挖穴规格40cm×40cm×30cm，以块状或条状混交造林。砂质土造林前在客土中拌少量过磷酸钙，可增加土壤的磷含量，促进幼林生长。固定沙土整地一般在雨季到来前1~2个月进行，而风力较大地段的沙土整地应比雨季提前10~15天，过早整地穴易被沙埋（陈文光，2010）。

与台湾栾树 *Koelreuteria elegans* subsp. *formosana* 采取1：3的比例行状混交较为理想，黄槿、海杧果 *Cerbera manghas*、水黄皮 *Pongamia pinnata* 等均是木麻黄优良的伴生树种（林武星等，2022）。

参考文献

陈建东，2010. 沿海木麻黄防护林生态作用及育苗造林技术 [J]. 现代农业科技, 10: 193–194.

陈文光，2010. 沿海砂质海岸木麻黄造林技术 [J]. 现代农业科技, 4: 246–247.

林武星，朱炜，林伟东，等，2022. 沿海沙地木麻黄与台湾栾树混交造林技术研究 [J]. 防护林科技, 4: 33–34.

谢义坚，2020. 福建滨海木麻黄防护林生态系统服务功能价值评估及生态补偿机制研究 [D]. 福州：福建师范大学.

豆科 Leguminosae

② 台湾相思
Acacia confusa

别名：相思仔、台湾柳、相思树

形态特征

常绿乔木，高可达 20m。树皮灰褐色。幼苗具羽状复叶，后小叶退化，叶柄为叶状，革质，镰刀披针形，长 6~10cm，宽 5~13mm，两面无毛。头状花序球形，1~3 腋生；花金黄色，有微香；花瓣淡绿色；雄蕊金黄色。荚果扁平长带状，干时深褐色；种子 2~8 粒，椭圆形，压扁。花期 3~10 月，果期 8~12 月。

广东省分布

东部沿海各地有野生或栽培。

生态习性

喜高温、湿润，喜光，喜湿润疏松微酸性或中性壤土、砂壤土，对土壤要求不严，极耐干旱和瘠薄，在冲刷严重的酸性砂质土和黏重的高岭土上均能生长。在贫瘠土壤条件下生长慢且树干弯曲，在土壤深肥的地方生长快且树干通直。对土壤水分状况的适应性很广，不怕河岸间歇性的水淹或浸渍；因根深材韧，抗风性强。根系发达，具根瘤，能固定大气中游离氮，可改良土壤（余友坤，2008）。

应用价值

材质坚硬，可作车轮、桨橹及农具等用材，亦可作纸浆材、人造板原料。树皮含单宁，可提取栲胶。花含芳香油，可作调香原料。

种植关键技术

主要作为广东沿海山地造林以及粤东地区部分土壤非常贫瘠的紫色土造林。种植地选定后，需要在前一年的冬天进行准备，清理周围杂草，开好树穴，植穴规格为

40cm×40cm×40cm（林锦森 等，2010）。一般选择在雨季造林，最好是 3 月上旬至 4 月中旬（林锦森 等，2010）。

可与鸭脚木、中华楠、假苹婆等树种搭配种植，形成混交林（马晓迪 等，2022；谢少鸿 等，2006），也可作为广东沿海山地马尾松林的林分优化树种。

参考文献

林锦森，陈真泉，2010. 台湾相思树特征特性及育苗造林技术 [J]. 现代农业科技，23: 211-216.

马晓迪，姜德刚，刘子琳，等，2022. 平潭岛台湾相思群落优势种群生态位研究 [J]. 热带作物学报，43（12）：2614-2625.

谢少鸿，陈玉军，陈远合，等，2006. 广东南澳岛台湾相思林主要种群生态位研究 [J]. 生态科学，25（4）：343-345.

余友坤，2008. 台湾相思生态学特性及其在黄岐半岛的应用 [J]. 亚热带水土保持，20（3）：59-60.

〉〉〉

锦葵科 Malvaceae
Heritiera littoralis

③▶ 银叶树

形态特征

常绿乔木，高可达 25m。板状根。树皮灰黑色。小枝幼时被白色鳞秕。叶革质，矩圆状披针形、椭圆形或卵形，顶端锐尖或钝，下面密被银白色鳞秕。圆锥花序腋生，密被星状毛和鳞秕；花红褐色；萼钟状，两面均被星状毛。核果木质，坚果状，近椭圆形，光滑，背部有龙骨状突起，内有厚的木栓状纤维层，可漂浮；种子卵形。花期 4~5 月，果期 6~10 月。

广东省分布

产海丰、深圳、台山等地。

生态习性

生于海岸附近，板根系发达，具抗风、耐盐碱、耐水浸的特性，既能生长于潮间带，又能生长在陆地上，属半红树植物，为热带海岸红树林的组成树种之一（吕武杭 等，2012；马化武 等，2017）。可于滨海盐渍沼泽土形成种群，土层深厚、盐分高的中黏土，且多有夹砂层或贝壳层的土壤，适合其生长（简曙光，2004）。

应用价值

我国典型的水陆两栖半红树植物，具有耐盐、抗风等特性，是营建海岸防护林的优良树种（郑德璋，1995）。因其具有高度发达的板根、奇特的果实等，亦是一种优良的观景树种（高秀梅，2005）。木材亦十分坚硬，为建筑、造船和制家具的良材（简曙光 等，2004）。树皮、根、叶等器官有较高的药用价值。种子即可食用又可榨油（韩维栋 等，2013）。

种植关键技术

广东地区造林需选择土层比较深厚肥沃、排水良好的土地定植（吕武杭 等，2012；

马化武 等，2017）。种植地选定后，整地，清除灌木和杂草，打穴，施肥，植穴规格以30cm×30cm×25cm 为宜。

最佳栽植时间为每年 3~5 月，栽植时选择雨后或阴天，有淋水条件的地方可在全年任何时段栽植（吕武杭 等，2012）。随起随栽，栽植时去除营养袋，回土踏实，并浇足定根水。旱天及时浇水，保持土壤湿润，以保证苗木成活；雨季要及时清通畦沟，确保不积水（马化武 等，2017）。

作为热带海岸红树林的组成树种之一，可与黄槿、香蒲桃 *Syzygium odoratum*、水黄皮、小叶榕 *Ficus microcarpa* 等搭配种植，形成海岸堤坝群落。

参考文献

高秀梅，韩维栋，2005. 论湛江市城市园林树种规划 [J]. 西南林学院学报，25（3）：38-40.

韩维栋，王秀丽，2013. 银叶树研究进展 [J]. 广东林业科技，29（6）：80-84.

简曙光，唐恬，张志红，等，2004. 中国银叶树种群及其受威胁原因 [J]. 中山大学学报（自然科学版），43（S1）：91-96.

吕武杭，林雄，谢少鸿，等，2012. 银叶树育苗栽培技术 [J]. 林业实用技术，9: 31-32.

马化武，林雄，郑建宏，等，2017. 半红树种银叶树栽培技术 [J]. 现代园艺，2: 36-37.

郑德璋，郑松发，廖宝文，等，1995. 红树林湿地的利用及其保护和造林 [J]. 林业科学研究，8（3）：321-328.

4 ▶ **黄槿**

Hibiscus tiliaceus

别名：海麻、桐花

形态特征

常绿小乔木，高约 8m，被星状毛。叶革质，掌状脉，下面密被茸毛状星状毛，基部心形，全缘或有不明显齿缘。花单生叶腋或数朵花成腋生或顶生总状花序；花冠钟形，花瓣黄色，内面基部暗紫色，倒卵形，密被黄色柔毛。蒴果卵圆形，具短缘，被茸毛，果爿 5，木质；种子肾形。花期 6~8 月，果期不详。

广东省分布

产南澳、海丰、陆丰、广州、深圳、珠海、肇庆、电白、阳春、徐闻等地。

生态习性

喜湿润、喜光树种。天然分布区在 74.76m 低海拔区域。喜高温，耐湿，对土壤要求不严，在微酸性到微碱性土壤中均可生长，耐旱和水湿，耐盐碱（可在高盐分的土壤中生长），抗风、抗大气污染和滞粉尘能力强（陈定如，2010；侯远瑞 等，2010）。野生常见于滨海地带、河旁或灌丛中，尚能耐短期低温（林武星 等，2017）。

应用价值

生长于海岸潮间带和陆地的半红树植物，耐盐性强，抗风抗沙，可用于沿海防护林建设和工矿区植被恢复（张方秋 等，2012；卞阿娜 等，2013）。花期全年，以夏季最盛（张伟伟 等，2012），可做行道树及遮阴树（李丽凤 等，2017）。木质坚硬，可用于制作家具、建筑、造船等（李丽凤 等，2017）。叶、树皮和花具有清热解毒、散瘀和消肿之功效（林鹏，2015）。

种植关键技术

广东地区造林需选择海拔低于 80m。适应性强，对林地的选择要求并不严格，沿海的丘陵地、砂质或泥质地均可生长。

种植地选定后，种植前要全面清除造林地上的杂草、杂灌，打穴，植穴规格为 60cm× 40cm×30cm。造林季节一般在春末夏初进行。为保持苗木容器袋土球完整不破损，在种植之前将容器袋淋透水，去除容器袋，适当深栽，培土后压紧压实。采用大苗种植时，可修掉部分枝叶，并用木棍支撑固定，减轻树冠摇晃程度，提高成活率（林建有，2015）。

在进行海防林恢复时，可与木麻黄、水黄皮、海杧果 *Cerbera manghas* 等乡土树种进行混交种植，构建混交林型海防林（杨珊 等，2020）。

参考文献

卞阿娜，王文卿，陈琼，2013. 福建滨海地区耐盐园林植物选择与配置构想 [J]. 南方农业学报，44（7）：1154−1159.

陈定如，2010. 木芙蓉、黄槿、铁刀木、猫尾木 [J]. 广东园林，32（5）：78−79.

侯远瑞，蒋燚，钟瑜，等，2010. 黄槿实生苗生长节律及容器育苗技术 [J]. 林业实用技术，3: 19−20.

李丽凤，刘文爱，2017. 广西半红树植物现状及园林观赏特性 [J]. 安徽农学通报，23（20）：71−73.

林建有，2015. 半红树植物黄槿培育技术探讨 [J]. 林业勘察设计，2: 112−115.

林鹏，林益明，杨志伟，等，2005. 中国海洋红树林药物的研究现状、民间利用及展望 [J]. 海洋科学，29（9）：78−81.

林武星，朱炜，连春阳，2017. 滨海沙地防风树种黄槿扦插育苗试验 [J]. 防护林科技，7: 5−7.

吴志华，詹妮，尚秀华，等，2020. 我国黄槿气候特征及适生区分析 [J]. 桉树科技，37（2）：45−52.

杨珊，袁秋进，刘强，等，2020. 海南岛热带海岸多种乡土树种海防林的构建及群落动态研究 [J]. 西南林业大学学报（自然科学），40（3）：9−18.

张方秋，潘文，周平，等，2012. 广东生态景观树种栽培技术 [M]. 北京：中国林业出版社.

张伟伟，刘楠，王俊，等，2012. 半红树植物黄槿的生态生物学特性研究 [J]. 广西植物，32（2）：198−202.

>>> 大戟科 Euphorbiaceae

5▶ 血桐

Macaranga tanarius var. *tomentosa*

别名：流血桐、帐篷树

形态特征

乔木。嫩枝叶、托叶均被柔毛。小枝粗壮无毛，被白霜，断后有血红色汁液流出。叶纸质或薄纸质，近圆形，盾状着生，全缘或叶缘具浅波状小齿，下面密生颗粒状腺体；掌状脉；托叶膜质，长三角形。雄花序圆锥状；苞片卵圆形，基部兜状，边缘流苏状，被柔毛。雌花序圆锥状；苞片卵形，叶状。蒴果具 2~3 个分果爿，密被腺体和数枚软刺；种子近球形。花期4~5月，果期6月。

广东省分布

产惠东、广州、中山、深圳、珠海、台山等地。

生态习性

喜高温湿润、喜光的速生树种。不耐严寒，只适生于沿海低山灌木林或次生林中，生活力甚强，抗风，稍耐盐碱，不耐霜，抗大气污染（中国科学院华南植物研究所，2003）。主要分布在山顶温暖的气候区内，尤其阳坡和半阳坡。喜生于由花岗岩发育而成、呈酸性（pH 值4.84~5.70）的赤红壤（赵珊珊，2010）。

应用价值

生长速度快，树姿生长繁茂，是理想的遮阴树（中国科学院华南植物研究所，2003）。木材较轻而软，可用于制造木板、木箱等。叶可作牛、羊等动物的饲料。树皮及叶粉末有抗氧化的作用，可充当防腐剂用（丘华兴，1982）。重要的药材树种，根据《中华本草》记载，药用，具有治疗恶性肿瘤、神经系统及心血管系统等疾病之功效（何带桂 等，2013）。

种植关键技术

在广东较少用于山地造林，可用于沿海城市或乡村绿化，育苗和种植过程根据绿化工程需求，结合场地实际情况具体实施。

在广东中部和西南部区域，与破布叶 *Microcos paniculata*、华润楠、白楸 *Mallotus paniculatus* 等树种组成南亚热带常绿阔叶林；如用作沿海城乡绿化，种植时可与华润楠、蒲桃等混交种植。

参考文献

何带桂，温俊林，周剑青，等，2013. 血桐叶提取物抑菌活性及抗氧化作用研究 [J]. 西北林学院学报，28（2）：160-163+212.

丘华兴，1982. 中国血桐属植物资料 [J]. 广西植物，2（3）：147-152.

赵珊珊，曾庆文，邢福武，2010. 澳门青洲山血桐群落特征及物种多样性研究 [J]. 安徽农业科学，38（6）：3243-3248.

中国科学院华南植物研究所，2003. 广东植物志（第五卷）[M]. 广州：广东科技出版社.

>>> 藤黄科 Guttiferae
Calophyllum inophyllum

6 ▶ **红厚壳**

别名：琼崖海棠、君子树

形态特征

小乔木，高约 8m。树皮厚，有纵裂缝。叶片厚革质，宽椭圆形，顶端圆或微缺，基部钝圆或宽楔形，两面具光泽；中脉在上面下陷，下面隆起，侧脉多数，几与中脉垂直。总状花序或圆锥花序近顶生；花两性，白色，微香；花萼裂片 4 枚，外方 2 枚较小，内方 2 枚较大，倒卵形，花瓣状；花瓣 4，倒披针形，顶端近平截或浑圆，内弯；雄蕊极多数，花丝基部合生成 4 束。果圆球形，成熟时黄色。花期 3~6 月，果期 9~11 月。

广东省分布

原产海南，在广东南部有少量引种。

生态习性

热带和南亚热带常绿乔木，根系发达，耐盐碱，抗风性强，主根深，侧根发达，主根长度占地面树干长度的 60% 以上。喜生于沿海岸的砂质土，黏性红壤土也能正常生长，以肥沃、深厚、排水良好的砂壤土生长最好。

应用价值

种子富含油脂，一株成龄红厚壳树平均年产干果 40~50kg，其中产油脂 17~18kg。油脂呈棕黄色，精炼后可食用，也可用于制皂、润滑油、润发油，还可供制环氧十八酸丁酯、聚氯乙烯塑料增塑剂等，具有较高的经济价值（贾瑞丰 等，2011）。木材具有纹理交错均匀、质地坚硬、耐磨及侵蚀等特点，是优良的用材树种。亦是海岸带水土保持、防止土地沙化的绿化造林理想树种。

种植关键技术

　　繁殖方法有扦插、播种和组织培养等多种，以播种繁殖为主，宜于秋季10~11月播种，可当月采种当月播种。播种前要把中果皮轻轻打裂（但注意不可伤及种子），使水分容易透入种子，以促进提前发芽。宜选择地下水位低、排水良好、向阳开阔、阳光充足的苗圃地，播种后的基质宜用粗细适度、清洁的河沙，播种深度2m，搭盖荫蔽度50%的遮阴网棚，注意保湿，播种一个月后种子开始发芽。苗木长到1m高时，即可造林或培育行道树大苗（周亮 等，2013）。

　　防护海堤的优良树种，可与黄槿、水黄皮、海杧果等搭配种植，形成沿海防风混交森林植被。

参考文献

吉向平，曾德辉，黄世满，2004.南亚热带环保风景林树种——红厚壳 [J].热带农业科学，24（6）：44-45.

贾瑞丰，尹光天，杨锦昌，等，2011.红厚壳的研究进展及应用前景 [J].广东林业科技，27（2）：85-90.

周亮，尹光天，吴姗，2013.热带芳香植物——红厚壳 [J].园林，10: 68-69.

附录

广东省森林质量精准提升行动主要造林树种

类别	树种	学名	培育目标	生物特性及应用价值
目的树种	红锥	*Castanopsis hystrix*	优势种、珍贵径材	常绿高大乔木；树干通直，材质优良；果实可食用
	米锥	*Castanopsis carlesii*	优势种、大径材	常绿高大乔木；木材易开裂，材质次于红锥；果实可食用
	吊皮锥	*Castanopsis kawakamii*	优势种、珍贵径材	常绿高大乔木；心材大、深红色，木材少爆裂，是重要用材树种
	青冈	*Quercus glauca*	优势种、珍贵径材	常绿高大乔木；材质坚硬，可用作珍贵木材
	华润楠	*Machilus chinensis*	优势种	常绿高大乔木；生长快，材质疏松，出材率高；种子油可制皂和润滑油
	闽楠	*Phoebe bournei*	优势种、珍贵木材	常绿高大乔木；国家二级保护野生植物；优质用材树种
	桢楠（楠木）	*Phoebe zhennan*	优势种、珍贵木材	常绿高大乔木；国家二级保护野生植物；材质优良，珍贵木材树种
	短序润楠	*Machilus breviflora*	优势种	常绿高大乔木；理想彩叶树种
	火力楠	*Michelia macclurei*	速生木材	常绿高大乔木；生长迅速，优良建筑、家具用材树种
	观光木	*Michelia odora*	优势种、珍贵木材	常绿高大乔木；省级保护植物；木材结构细致，易加工，高档家具和木器优良用材树种
	灰木莲	*Manglietia glauca*	速生木材	常绿高大乔木；生长速度快，生物量和树种碳含率高，国家战略储备林大径材重要树种
	木莲	*Manglietia fordiana*	速生木材	常绿高大乔木，树冠整齐；生长迅速，适应性强，木材较脆，速生用材树种；可作中药代用品
	乐昌含笑	*Michelia chapensis*	大径材	常绿高大乔木；干形通直，木材轻质，不翘曲，易加工，优良速生树种
	乐东拟单性木兰	*Parakmeria lotungensis*	珍贵木材	常绿高大乔木；省级保护植物、中国特有种；干形通直，木材坚重，色泽优良，珍贵用材树种；树皮、花、叶可提炼香精

（续）

类别	树种	学名	培育目标	生物特性及应用价值
目的树种	木荷	*Schima superba*	优势种、大径材	常绿高大乔木，树干通直；耐干旱，生长速度快，材质坚韧，阻燃性强，防火隔离带优选树种
	花榈木	*Ormosia henryi*	伴生种、珍贵木材	常绿中等乔木；国家二级保护野生植物；木材质密，珍贵用材树种
	格木	*Erythrophleum fordii*	伴生种、珍贵木材	常绿高大乔木；国家二级保护野生植物；涵养水源、改良土壤；材质坚硬，抗虫蛀，优质硬材；亦可提炼生物碱
	仪花	*Lysidice rhodostegia*	伴生种	常绿小乔木；树干挺拔，绿化美化优良树种；木材坚硬，不易变形，优良建筑用材；根、茎、叶可入药
	任豆	*Zenia insignis*	优势种、速生木材	落叶高大乔木；生长迅速，可作工业用材；良好蜜源树；优良多用途树种
	米老排	*Mytilaria laosensis*	速生木材	常绿高大乔木；生长快，成材早，出材量大，易加工，制造纸浆和纤维板的原料树种
	斯里兰卡天料木	*Homalium ceylanicum*	伴生种、珍贵木材	常绿高大乔木，树干通直；心材大，结构致密，木材坚韧，特类用材，高级家具优良用材
	黄桐	*Endospermum chinense*	优势种、大径材	常绿高大乔木；干形通直，生长迅速，散孔材，结构细致，材质轻软，易加工，胶合板、家具等用材树种；树叶、树皮可入药
	银杏	*Ginkgo biloba*	伴生种、珍贵木材	落叶高大乔木；国家一级保护野生植物；树干通直；树叶提取物对冠心病、脑栓塞有显著疗效，果对高血脂、动脉硬化有显著疗效；材质光泽度优良，易加工，制乐器、家具上等材料
	南方红豆杉	*Taxus wallichiana* var. *mairei*	优势种、珍贵木材	常绿高大乔木；国家一级保护野生植物；材质坚硬、木材极其耐腐，木材广泛应用；提炼的紫杉醇具有独特抗癌机理，珍稀名贵树种
	青梅	*Vatica mangachapoi*	优势种、珍贵木材	常绿高大乔木，树干通直；国家二级保护野生植物；材质坚重、耐腐，珍贵用材树种
	坡垒	*Hopea hainanensis*	优势种、珍贵木材	常绿高大乔木；国家一级保护野生植物；木材经久耐用、码头桩材、建筑用材，珍贵用材树种

（续）

类别	树种	学名	培育目标	生物特性及应用价值
目的树种	降香黄檀	*Dalbergia odorifera*	优势种、珍贵木材	落叶高大乔木；国家二级保护野生植物；心材红褐色，材质致密，耐浸耐磨，高级红木家具用材，工艺品等上等用材；蒸馏后的降香油可作定香剂
	柚木	*Tectona grandis*	优势种、珍贵木材	落叶高大乔木；木材优质，心材比例大，结构致密，耐腐抗虫性极强，高档装修、家具用材，重要珍贵用材树种
	土沉香	*Aquilaria sinensis*	伴生种	常绿中等乔木；国家二级保护野生植物；著名芳香药用植物，木质可提取芳香油；花可制浸膏
景观树种	枫香	*Liquidambar formosana*	上层乔木、秋色景观	落叶高大乔木；树高干直，秋色叶观赏树种；全株可入药；木材纹理通直，易加工，耐腐防虫，胶合板、家具等理想用材，包装箱优质材料；人工栽培香菇、木耳重要段木资源
	红花油茶	*Camellia semiserrata*	伴生种、春天红花	常绿小乔木；树形挺拔，花朵红艳；果实可提炼山茶油，重要木本油料植物
	木油桐	*Vernicia montana*	伴生种、春天白花	落叶高大乔木；树干通直，白花；木材较脆，易干燥，可用于火柴、刨花板等木材纤维材料和绝缘材料；种子含油量高，桐油可作高级油漆、油墨原料，重要能源植物
	岭南槭	*Acer tutcheri*	伴生种、秋色景观	落叶中等乔木；彩叶树种，赏果树种；材质优良，可供制作家具
	铁冬青	*Ilex rotunda*	上层乔木、冬季红果	常绿高大乔木；果实鲜红，观赏树种；树叶树皮可入药，清热解毒、消肿镇痛；叶片不易燃烧，防火隔离树种
	赤杨叶	*Alniphyllum fortunei*	上层乔木、春季色叶	落叶高大乔木；白花，与陀螺果混合种植，营造"白花"景观；木材纹理通直，材质轻软，火柴工业、轻巧上等家具、板料、模型等美观轻工木材
	中华杜英	*Elaeocarpus chinensis*	伴生种、秋色景观	常绿小乔木；树形通直，形态优美，树叶秋冬及早春转为绯红色；树皮和果皮可提制栲胶；木材可培养白木耳
	山杜英	*Elaeocarpus sylvestris*	伴生种、秋色景观	常绿小乔木；树形优美，一年四季常挂几片红叶，霜后红叶更多，景观树种；生物防火林带乡土阔叶树种

（续）

类别	树种	学名	培育目标	生物特性及应用价值
景观树种	无忧树	*Saraca dives*	伴生种、春季橙花	常绿高大乔木；树干高大，花多橙黄色或绯红色，佛教圣花，庭院、公园绿化景观树种
	海南红豆	*Ormosia pinnata*	伴生种、春季红叶	常绿中等乔木；国家二级保护野生植物；生长迅速，冠形大，绿荫效果好，种子红色，园林绿化理想树种；矿山植被恢复先锋树种
	大花第伦桃	*Dillenia turbinata*	伴生种、春季黄花	常绿高大乔木；树形美观，叶大浓密，花黄色，观花赏果优良树种；果实多汁可制果酱；果、叶亦可入药
	红花荷	*Rhodoleia championii*	上层乔木、春夏季红花	常绿中等乔木；生长快，树形美观，花大色红，园林绿化、风景林树种
	密花树	*Myrsine seguinii*	伴生种、春季色叶	常绿小乔木；叶形优美、花序密集、颜色丰富，园林绿化树种；树皮含较高量鞣质，能作解毒剂，根和叶具有较高药用功能
特色树种	黄梁木	*Neolamarckia cadamba*	上层乔木、材用	落叶高大乔木；树干通直，速生树种，10年成材，材质较好，建筑、天花板、人造纤维理想原材料
	南酸枣	*Choerospondias axillaris*	上层乔木、果用、材用	落叶高大乔木；树干高大通直；含栲胶；果可食用；树皮和果可入药；果核制炭；茎皮纤维可作绳索，具有很高经济价值；生长快、适应性强、抗污染能力强，抗污染生态修复优良速生树种
	猴耳环	*Archidendron clypearia*	纯林种植、药用	常绿中等乔木；南方重要中药材树种；木材可供箱板、装修、家具、造纸、薪炭等使用；段木可培养食用菌
	橄榄	*Canarium album*	纯林种植、果用	常绿高大乔木；南方佳果，果可生食，营养丰富；核可供雕刻，种仁可食用，亦可制肥皂或润滑油；木材可供造船、枕木、农具等用
	乌榄	*Canarium pimela*	纯林种植、果用	常绿高大乔木；果可生食，果肉腌制"榄角"，榄仁为饼食及菜肴配料佳品；树叶、树根可入药；种子油供食用，制肥皂和其他工业用油；材质坚实，木材可供造船、枕木、农具等用

（续）

类别	树种	学名	培育目标	生物特性及应用价值
特色树种	八角	*Illicium verum*	纯林种植、果用	常绿中等乔木；果实与种子是著名食用调料，果皮、种子、叶都可提取八角茴香油（茴油），是制造化妆品和食品工业重要原料；亦可入药
	油茶	*Camellia oleifera*	纯林种植、果用	常绿小乔木或灌木状；种子含油量高，茶油是高级食用油，营养价值极高，茶籽粕是化工、轻工等工业产品原料，茶壳可用作食品用菌培养基；优良冬季蜜粉源植物
	余甘子	*Phyllanthus emblica*	纯林种植、果用	常绿高大乔木；《中国药典》收载物种，具清热凉血、消食健胃之功效，重要的果树和药食同源树种
	大叶冬青	*Ilex latifolia*	伴生种、叶制茶	常绿高大乔木；树干通直；制作苦丁茶重要植物资源，具清热解毒、散风、消肿止痛
	阴香	*Cinnamomum burmanni*	伴生种、药用	常绿中等乔木；树形优美；皮、根可用作药材，可提取芳香油；种子可榨油
	黑木相思	*Acacia melanoxylon*	纯林种植、材用	常绿高大乔木；材质好，高档家具和优质贴面板用材
沿海防护林树种	木麻黄	*Casuarina equisetifolia*	纯林种植、防风林	常绿高大乔木；木材坚重，可用作枕木、船底板及建筑用材；根系发达，抗风沙、耐盐碱，防海浪侵蚀，固沙，海岸带生态系统恢复华南地区无可替代树种
	台湾相思	*Acacia confusa*	上层乔木	常绿高大乔木；材质坚硬，车轮、桨橹、纸浆材、人造板及农具原材料；树皮可提取栲；花提取芳香油，可作调香原料
	银叶树	*Heritiera littoralis*	上层乔木、防风林	常绿高大乔木，根板状，我国典型水陆两栖半红树植物；具耐盐、抗风特性，海岸防护林优良树种；木材坚硬，建筑、造船、家具优良材料；树皮、根、叶可入药；种子可食用，亦可榨油
	黄槿	*Hibiscus tiliaceus*	园林绿化、防风林	常绿小乔木，海岸潮间带和陆地半红树植物；耐盐性强，抗风沙，沿海防护林和工矿区植被恢复树种；全年花期，行道树和遮阴树种；木质坚硬，家具、建筑、造船原材料；树叶、树皮和花药用，具清热解毒等功效

类别	树种	学名	培育目标	生物特性及应用价值
沿海防护林树种	血桐	*Macaranga tanarius* var. *tomentosa*	园林绿化、材用	常绿小乔木；生长速度快，生长繁茂，理想遮阴树种，较少用于山地造林；木材轻而软，可用作制造板、木箱等；叶片可当牛、羊动物饲料；树皮及叶粉末可充当防腐剂；叶片可入药
	红厚壳	*Calophyllum inophyllum*	景观、防风林	常绿小乔木；根系发达，耐盐碱、抗风沙强，海岸带水土保持、防止沙化造林理想树种；种子富含油脂，精炼后可食用，也可用于制皂、润滑油，较高经济价值；木材质地坚硬、耐磨、优良用材树种